Angewandte darstellende Geometrie
insbesondere für Maschinenbauer

Ein methodisches Lehrbuch für die Schule
sowie zum Selbstunterricht

von

Karl Keiser

Studienrat, ehem. Lehrer an der
höheren Maschinenbauschule zu Leipzig

Mit 187 Abbildungen im Text

Springer-Verlag Berlin Heidelberg GmbH
1925

Alle Rechte, insbesondere das der Übersetzung
in fremde Sprachen, vorbehalten.

ISBN 978-3-642-51901-7   ISBN 978-3-642-51963-5 (eBook)
DOI 10.1007/978-3-642-51963-5

Vorwort.

Das Buch ist in seiner Grundrichtung ein Ergebnis des zeichenpädagogischen Wandels, der vor allem die Abzeichenvorlage und dergleichen entthronte und dem Schüler mehr Selbständigkeit zugeteilt hat, und den Erfahrungen, die der Verfasser in mehr als einem Menschenalter an 14—30jährigen mit den verschiedensten Graden der praktischen, zeichnerischen und mathematischen Vorbildung machte bei Tagesvollschülern (9. Schuljahr), Lehrlingen, Abend- und höheren Maschinenbauschülern.

Dem Ganzen sind, wahrscheinlich zum überhaupt ersten Male, entwicklungsgeschichtliche und psychologische Begründungen beigegeben, in knappster Form; für andere Unterrichtsfächer war das längst selbstverständlich.

Der Stoff der behandelten Fächer (geometrisches Zeichnen, Parallelperspektive, Rissezeichnen) ist als Ganzes aufgefaßt worden; die Staffelung entspricht den ,,Formalstufen" des Zeichnens (§ 1, 5). Die Stufen bilden in ihrer langen geschichtlichen Entwicklung eine Einheit und sind psychologisch eng verbunden durch In- und Übereinandergreifen. Der Unterricht ist nur biogenetische, also zusammengedrängte Wiederholung dieser Entwicklung; freihändiges und gebundenes Zeichnen stehen gleichwertig in seinem Dienste.

Professor Timerding (S. 6) meint, daß die (so oft beklagte) frühe und starke Betonung des Berufszeichnens das Entstehen ,,eines methodischen Lehrganges, wie der Euklids, aus dieser Geometrie" gehindert habe. Zur Lösung dieser großen Aufgabe kann der hier gebotene nur ein Beitrag sein. Er entstand mit Rücksicht auf die Bedürfnisse der Praxis und die pädagogischen Forderungen der Schule und konnte nur entstehen, weil Herr Baurat Professor Schuster in den 30 Jahren seiner Leitung der städtischen Gewerbeschule (jetzt ,,Technische Lehranstalten der Stadt Leipzig") dem Verfasser stets freie Hand ließ.

Das Buch wird oft geäußerte Wünsche früherer Schüler des Verfassers erfüllen; sein Erscheinen entspricht auch Anregungen von Kollegen. — Es geht hinaus in der sorgfältigen Ausführung, welche die besondere Ehre eines Verlages ist. Der Verfasser aber hegt die Hoffnung, daß dieser methodische Lehrgang dazu beiträgt, ein wichtiges Zeichenfach von dem alten Vorwurfe zu erlösen, es sei ,,so schwer"; denn solcher ist keine Empfehlung für dieses Zeichnen, welches, als feste Grundlage für alles sachliche Zeichnen, im Zeitalter der Naturwissenschaft und der Technik ein Allgemeingut werden muß.

Leipzig, Ostern 1925. **K. Keiser.**

Inhaltsverzeichnis.

	Seite
A. Einleitung, allgemeine Begründungen, Weisungen. § 1—5 .	1— 17
B. Ausführungen. § 6—73	19—159
I. Das geometrische Zeichnen der Unterstufe. § 6—10 .	19— 30
II. Das Projektionszeichnen der Unterstufe. § 11—24 . .	32— 53
III. Das geometrische Zeichnen der Oberstufe. § 25—28 .	55— 68
IV. Das Projektionszeichnen der Oberstufe. § 29—73 . . .	69—159
1. Stellungen und Bewegungen. § 32—37	79— 93
2. Ebene Schnitte. § 38—45	96—111
3. Krumme Schnitte durch Körper. § 46—49	111—115
4. Die Schraube. § 50—53	117—123
5. Durchdringungen. § 54—59	124—133
6. Abwicklungen. § 60—66	134—142
7. Von den allgemein schrägen Lagen. § 67—71 . . .	144—153
8. Schraubenrad und Propeller. § 72 und 73	155—158

Berichtigungen.

Auf S. 38, Absatz 3: Statt „regelmäßiger Achtkant" lies „regelmäßiges Achtkant".

Auf S. 76, Textzeile 5 von oben: Statt „Maschinenzeichnungen bald nach 1900" lies „Maschinenzeichnungen aus der Zeit kurz nach 1800".

Auf S. 85: Abb. 68 d_3 hat größeren Maßstab als Abb. 68 a, aus der sie abgeleitet ist.

Auf S. 131, Textzeile 9 von oben: Statt „würde" lies „würden".

Auf S. 131, Textzeile 3 von unten ist anzuhängen: (Abb. 165—168).

Auf S. 148, Textzeile 19 von oben: Statt „dem Schüler" lies „den Schülern".

A. Einleitung, allgemeine Begründungen, Weisungen.

§ 1. Räumlich-anschauliches Denken und seine Ausdrucks- und Bildungsmittel. Alles Zeichnens allgemeiner Zweck ist: Bildung des räumlichen Vorstellungsvermögens, des anschaulichen Denkens. Doch ist es nicht das einzige Mittel dazu. Daher ist Zeichnen, wie das Schreiben, eine Fertigkeit von Kopf und Hand; Zeichnen bedient sich nur anderer Ausdrucksformen wie Schreiben.
— „Die Zeichnung als Ausdrucksmittel und die Formvorstellung als Geistestätigkeit stehen genau in demselben Verhältnis wie die Sprache zu den Gedanken." (Riedler, A.: Das Maschinenzeichnen. Berlin: Julius Springer.)

1. *Zwei Arten des Denkens* gibt es: a) das räumlich-anschauliche oder konkrete, b) das begriffliche oder abstrakte Denken. Jenes ist allen Werktätigen, Ingenieuren, Künstlern, Ärzten, Naturwissenschaftlern, Militärs eigen; dieses insbesondere den Philosophen, Philologen, Theologen, Juristen. Die Mathematiker halten die Mitte, insofern ihr Denken vom Konkreten ins Abstrakte reicht, von der einfachen Raumgröße bis zur Formel. — Die Begriffe sind in Anschauungen verankert, weil das anschauliche Denken das ursprünglichste ist. „Wilde" und kleine Kinder können überhaupt nicht begrifflich denken. Daher gilt für den Jugendunterricht der alte pädagogische Satz: Gehe vom Anschaulichen zum Begrifflichen, vom Geläufigen zum Ungeläufigen, usw.
— „Anschauen" ist kein Angaffen; es ist ein geistiges geworden, wenn man sich den Gegenstand oder den Vorgang vorstellen kann, auch ohne ihn zu sehen.

2. *Zwei Ausdrucksmittel* sind für diese zwei Denkarten von der Menschheit geschaffen worden. Für das räumliche Denken die Arbeit aller Art, vom einfachen Handgriffe an bis in die Höhen der Kunst, der modernen Technik und Naturwissenschaft; dem begrifflichen Denken dient vor allem die Sprache. Beide sind Werkzeuge des Geistes, wirken aber formend und bildend auf ihn zurück; sie sind also der Untergrund der Gesamtkultur eines Volkes!

3. Drei Stufen in den Ausdrucksmitteln des räumlichen Denkens wurden im Laufe der Zeiten aufgebaut. Sie entsprechen entwicklungsgeschichtlich dem Wachstum der Denkfähigkeit. Es sind: **Werktätigkeit, Zeichnen, Mathematik**. — Die Erforschung der Vorgeschichte wie die Beobachtungen an unseren Kindern haben erwiesen, daß „plastisches" Schaffen oder handgreifliches Tun das „Primäre", Zeichnen das „Sekundäre" war und ist. Das heißt: Die Zeichnung als ein Abzug der Wirklichkeit auf der nur zweifach ausgedehnten Fläche ist der Menschheit schwerer gefallen, als das Schaffen der körperlichen Wirklichkeit. Daher hinkte auch das Zeichnen als Fertigkeit von Kopf und Hand im ganzen jahrtausendelang der plastischen Fertigkeit von Kopf und Hand nach. So waren z. B. die alten Ägypter vorzügliche Baumeister und Wasseringenieure, aber im Zeichnen blieben sie große Kinder; die Tempel der klassischen Antike, die Dome der Romanik und Gotik überragen als Werkarbeit sehr weit das gleichzeitige Geschick, die Wirklichkeit in Perspektive oder Riß oder Figur richtig wiederzugeben. — Die Geometrie begann praktisch als Feldmessung und setzt die Findung gewisser Figuren durch das Zeichnen voraus, sobald die Ergebnisse der Messung aufbewahrt werden sollten.

Höchste Steigerung des räumlichen Denkens geschieht in **geschmacklicher** Hinsicht durch das Erzeugen von Schönheitsformen; in rein **mechanischer** Richtung im Herstellen von Bewegungsmechanismen und im Beherrschen von Arbeitsvorgängen und -folgen; ins höchste Gebiet des **Begrifflichen** erhebt es sich durch die Formel, die noch beziehungsloser zu einem Gegenstande bleibt wie das Wort, das immer noch eine Verkörperung der Vorstellung ist. In dieser höchsten Dreizahl sind Formen der Naturerkenntnis enthalten, für deren Wesen es eine einheitliche Benennung noch nicht gibt.

Mit dieser Hauptreihenfolge vom Leichten zum Schweren und Höchsten hat die Menschheit selbst den Weg vorgemacht als einen Naturvorgang, den der Unterricht wohl zu beachten hat bei des heranwachsenden Menschen Ausbildung im **räumlichen Denken, als der geistigen Grundlage jedes technischen und künstlerischen Tuns, des Zeichnens, der naturwissenschaftlichen und mathematischen Erkenntnis**.

4. *Dreierlei sichtbare Mittel zur Verständigung auf der Fläche*, die heute vornehmlich durch das Papier vertreten ist, hat der geistige Verkehr der räumlich und zeitlich voneinander getrennten Menschen gezeitigt: Schreiben, Rechnen, Zeichnen, oder schärfer gefaßt: Buchstabe, Zahl, Linie. Doch ist damit keine Entwicklungsreihe gegeben, denn das Zeichnen hat das Recht der Erstgeburt unter den dreien. Mit richtigem Gefühle forderte daher schon Pestalozzi, das Kind solle vorm Schreiben erst Zeichnen lernen; doch war sein Grund noch ein realer: damit die Hand durchs Schreiben nicht fürs Zeichnen verdorben werde. Er bekämpfte also schon unbewußt einen nicht naturgemäßen Brauch, der erst seit etwa 1915 anfängt, abgebaut zu werden. — Diese drei ergänzen sich gegenseitig als kürzeste Ausdrucksmittel, alles Denkens, auf dem Papiere. Das Wort ist vorzüglich geeignet, das Heer der Begriffe festzulegen; doch kann man mit Worten auf dem Papiere keine Rechenaufgabe lösen. Die Erfindung der Zahlzeichen half dem ab. Aber Wort und Zahl genügen nicht, um in einem anderen Gehirne ein gutes Vorstellungsbild von einem Dinge oder Vorgange zu erwecken; sie versagen ganz, wenn es sich beim Empfänger um etwas für ihn Neues handelt. Da hilft nur das Bild. Das Bild, die Zeichnung, die „nur so hingeschriebene Linie", ist bisher für den allgemeinen Gebrauch wenig nötig geachtet worden. Mit Schrift und Zahl war das auch einmal so. Wie diese zwei aber von den „Fachleuten" aus zum Alltagsgute wurden, also wird es mit der Linie geschehen. Doch wird nicht das künstlerische, sondern das rein sachliche Zeichnen, das im pflichtmäßigen technischen Freihandzeichnen an den beruflichen Schulen schon eine feste Stellung hat, die alleinige Eignung dazu haben. Das Künstlerische wird, wie das Dichterische bisher, als Edelgewächs auf der breiten Schicht des Alltäglichen gedeihen. — Wir stehen noch in den Anfängen. Die Lehrer aller Art werden die ersten sein, welche diese drei beherrschen. — Wer genügend Zeichnen lernte, der hat ein Ausdrucksmittel mehr zur Hand als derjenige, welchem nur Schrift und Zahl zur Verfügung stehen.

Zur persönlichen Leistung mit diesen dreien ist eine stetig vervollkommnete mechanische hinzugetreten: Buchdruck, Maschinenrechnen und -schreiben, Photographie und Film. Es liegt in deren Wesen, nicht bloß Ergänzung der persönlichen Leistung zu sein, sondern auch Anreiz zur Verallgemeinerung und Steigerung derselben; wofür die Erfindung des Buchdruckes schon längst den Musterfall geliefert hat.

5. Wie nun die Menschheit den naturgemäßen, den psychologisch rechten Hauptweg für die Bildung des räumlichen Denkens durch Werkarbeit, Zeichnen und Mathematik allen Lehrenden vorgelebt hat, so hat sie auch in bezug auf das Zeichnen allein den stufenweisen Aufstieg vom Leichten zum Schweren, entsprechend dem Wachsen der geistigen Kraft, vorgemacht und der pädagogischen Beachtung hinterlassen. Deshalb sind für das Zeichnen, insofern es zu den realen Widerständen gehört, durch deren Überwindung die Anlagen und Kräfte des räumlichen Denkens entwickelt werden können — worin eben Schrift und Zahl völlig versagen —,

für das Zeichnen sind vier Formalstufen zu unterscheiden als Entwicklungsreihe[1]), die hier im Abrisse folgt.

a) **Das kindlich-primitive Zeichnen**, wobei nur eine schematische, aber kennzeichnende Ansicht des Dinges gegeben wird, z. B. vierfüßige Tiere von der Seite. Die Zeichnung ist ein Abbild der Vorstellung, nicht der Wirklichkeit. Die erste höchste Ausbildung dieser Stufe ist in der altägyptischen Zeichenkunst zu sehen[2]). — Das „mitteilende" Zeichnen der Naturvölker[3]) setzt hier schon ein als Gabelung in Zeichnen und Schreiben, in Bild und Schrift.

b) **Das perspektivische Zeichnen**; es bildet die Dinge so ab, daß der Eindruck, den das Auge von den Dingen erhält, mehr oder weniger gut erreicht wird. Erste Anzeichen dafür bei den Ägyptern; erstes Beginnen im klassischen Altertume[4]), die Vollendung wurde um 1500 erreicht (Lionardo da Vinci, Dürer u. a.) durch Zusammenwirken von Kunst und Mathematik.

c) **Das projektivische Zeichnen** oder Darstellen in Rissen, von denen mindestens zwei nötig sind zum Festlegen eines Dinges. — Die Anfänge bei den ägyptischen Bauleuten sind durch Funde

---

[1]) Ausführlicheres vom Verf. in der Zeitschr. „Schauen u. Schaffen" 1919, Heft 7, 8. Leipzig: Dürrs Verlag.
[2]) Schäfer, H.: Von ägypt. Kunst, insbes. Zeichenkunst. Leipzig 1919.
[3]) v. d. Steinen, K.: Unter den Naturvölkern Zentralbrasiliens, Kap. X. Berlin 1894.
[4]) Hauck, G.: Subjektive Persp., § 13. Stuttgart 1879.

erwiesen; Höhe und wissenschaftlicher Abschluß geschah am Ende des 18. Jahrh. in der „Darstellenden Geometrie" durch den französischen Mathematiker und Physiker Monge[1]). Er wies auch zuerst auf die grundlegende Bedeutung dieses Zeichnens für die technischen Berufe hin.

Diese drei Arten des Zeichnens stellen dar oder benutzen zum Darstellen der Gedanken sichtbare Dinge. Die vierte Art,

d) die „graphische" Darstellung[2]), ist so kühn, auch Unsichtbares zu veranschaulichen. Ihr Ausbau hat in unserer Zeit ungemeine Fortschritte gemacht. Der Anfang ist schon bei Archytas von Tarent (um 400 v. Chr.) zu suchen, als er die Geometrie auf die Mechanik anwandte. Das Parallelogramm der Kräfte ist ein einfacher Fall, durch den unsere Jugend erstmalig mit dieser Darstellungsart in Berührung kommt.

6. *Das „künstlerische" Zeichnen* ist auf jeder der drei ersten Stufen als geschmackliche Steigerung anzusehen. — In der ersten Stufe sind mindestens die zwei folgenden schon unentwickelt enthalten, und das früher Errungene wird in irgendeiner Form weiter gepflegt oder benutzt. So ist die antike Vasenmalerei und der Scherenschnitt Steigerung der ersten Stufe; die älteste Art der Perspektive, die Parallelperspektive, wird noch heute benutzt und wird uns in diesem Buche mit beschäftigen; der „kennzeichnende" Riß der dritten Stufe ist von der ersten Stufe entlehnt, ja das reine Vorstellungszeichnen der ersten Stufe, das den Uranfang alles Zeichnens bildet, ist nie aufgegeben und ist gerade für das technische Zeichnen Hauptgrundlage geworden und bis heute geblieben. Für Weiteres sei auf § 11, 2 und auf § 30 „Geschichtliches" verwiesen.

§ 2. Das geometrische Zeichnen. Es steht am Anfange des gebundenen Zeichnens überhaupt, und Kinder bis Halbkinder werden zunächst mit ihm bekannt gemacht. Da das Übliche von Lehrern und Schülern nie gern getrieben wird, so leidet es seit Jahrzehnten an Verschrumpfung, trotzdem auf dem Gewerbeschultage 1910 zu Regensburg die Klage klang, daß **dem fachlichen Zeichnen die feste Grundlage durch geometrisches Zeichnen fehle.** — Der große Pädagog Diesterweg, † 1866, gab für jedes Ungern, das allen Unterrichtserfolg fraglich

---

[1]) Ostwalds Klassiker d. exakt. Wissensch. Nr. 117. Teubners Verlag.
[2]) Auerbach: Die graph. Darst. (Aus Natur u. Geisteswelt, Nr. 437.)

macht, nur der schlechten oder falschen Methode die Schuld. Professor Timerding, von der Technischen Hochschule zu Braunschweig, deckt die Ursache für das Ungern im geometrischen Zeichnen auf in seinem Buche: „Die Erziehung der Anschauung" (Teubner 1912). Er nennt sie „das Gespenst des Euklid". Das sagt alles; und Timerding steht nicht allein. Er nennt ebenda die darstellende Geometrie die „Mathematik des praktischen Verstandes", die allein für die Allgemeinheit in erster Linie in Frage komme.

Es ist notwendig, daß dieses einleitende und darum wichtige Fach endlich in das rechte Licht gerückt und gezeigt wird, „es geht"! Daher muß es hier ausführlich besprochen werden.

1. *Das geometrische Zeichnen hat seine Gesetzmäßigkeit in sich selbst*, sobald es nicht mit Euklid zusammengekuppelt wird, was erst seit dem 19. Jahrh. geschehen ist. — Als Zweck wird in der Regel angegeben, es diene der Einübung der Zeichengeräte; besser klingt schon, es sei eine praktische Planimetrie, die der Gewerbsmann und technische Zeichner innehaben müsse. Nirgends aber findet man betont seinen höchsten Zweck, und der ist psychologischer Art: diese Jugend soll für das gebundene Zeichnen, das manchen spröden Stoff und besonders geartete Denkschwierigkeit bietet, überhaupt eingefangen werden. Gleich in den ersten Stunden muß es Freude machen! Das ist nicht möglich mit trockenen geometrischen Gebilden, die in die Planimetriestunde gehören, auch nicht mit einigen dürftigen geometrischen Ornamenten, die — „Vorlagen sind verboten" mit Recht — an die Wandtafel gezeichnet und abgezeichnet werden. — Aber es ist doch merkwürdig, daß die meisten Stoffsammlungen dem Anfänger geometrische Ornamente bieten lassen. Sogar in Kirschkes schöner, wissenschaftlich aufgebauter „Darstellenden Geometrie für Maschinenbauer" stehen zwei geradlinig gebildete voran (mit Maßzeichnen verbunden), und „nach Bedarf sind weitere nach Vorlagen zu zeichnen".

Es ist anzunehmen, daß nur gefühlsmäßig dieser richtige Stoff zuallererst geboten wird, denn eine Angabe über den psychologischen Grund solchen Beginnens sucht man vergebens. Er ist zu finden in der elementaren Grundlage allen künstlerischen Geschmackes, die als Wohlgefallen am Rhythmus, d. i. an der taktmäßigen Wiederkehr, in jedem Menschen als Naturanlage steckt[1]); in Kindern und Halbwüchsigen ist sie noch am frischesten. **Das geometrische Ornament ist unbedingt rhythmisch gestaltet in solcher Form.** Das liegt schon im Wesen der streng geformten Elemente desselben; der Rhythmus erst bringt Leben in das Ganze, während das Element, das einzelne Wiederkehrstück an sich oft nichts ist. — Jener Naturanlage und jenes psychologischen Zweckes halber gehört also das rhythmische, geometrische Ornament an den Anfang. Das ist „naturgemäß".

2. *Alles kommt aber hier auf die Form der Darbietung an.* Sie ist gekennzeichnet dadurch, daß diese Ornamente **der Schüler möglichst selber schafft.** Selber schaffen ist jedes gesunden Menschen höchster Ehrgeiz und feinster Genuß und ist daher das stärkste Mittel zum Unterrichtserfolge gerade bei Jugendlichen. Neu ist diese Sache auch im Zeichnen nicht. Einer der Lehrer des Verfassers, der Architekt Professor Scheffers[2]), dürfte aber wohl der geistige Urheber für solche Auswertung dieses Stoffes in den 70er Jahren gewesen sein. Jedoch von der besonderen psychologischen Eignung dieses Ornamentes für den ersten Beginn im gebundenen Zeichnen hörte man bis jetzt nichts.

Das Neuschaffen durch den Schüler ist beim geometrischen Ornament **ungemein leicht und endlos ergiebig**; kein anderer geometrischer Stoff kommt ihm darin gleich. Noch mehr. **Der Lehrer braucht gar kein Ornamentiker zu sein** für den Sonderfall, mit dem wir es hier zu tun haben. Er ist Arbeitgeber, d. h. er gibt den Rohstoff, die Elemente und die Aufgaben in Form der rhythmischen Anordnung: für geraden Streifen oder um einen Mittelpunkt herum oder musterartig für die endlose Fläche; anderes gibt es nicht. In höchster Spannung „was wird das?" sucht der Schüler zunächst freihändig skizzierend das einzelne Ergebnis (erstes zwangsläufiges Skizzieren!), um es dann in gebundener Form auf dem Bogen zu vergrößern. — Solch Arbeiten macht dem Gebenden und dem Empfangenden Freude. — Der Schüler aber hat bei diesem Exaktzeichnen in Menge Haupt- und Hilfslinien, auch Schraffuren zu erledigen in allerlei

---

[1]) Man studiere hierüber: Bücher, Karl: Arbeit und Rhythmus. 3. Aufl. 1902.

[2]) Sch. ist wahrscheinlich auch der Erfinder des Zeichenblockes. Er führte ihn für gewisse Übungen in seinem Unterricht bald nach Ostern 1876 in der Städt. Gewerbeschule und der Königl. Kunstakademie zu Leipzig ein.

Strichart und -stärke; niemals empfindet er das als öden Drill. (Es ist Erziehung und Drill.) Ja, je mehr Arbeit und Sorgfalt er anwendet, desto gefälliger wird das Ganze. Buchstäblich „spielend" werden hier von den Jugendlichen die zeichentechnisch so wichtigen und schweren „Berührungen" zwischen Gerade und Kreis und zwischen Kreisen erstmalig geübt. Allerlei einfache Hilfskonstruktionen treten auf und erscheinen nicht als nichtssagend, wie bei der euklidischen Art, weil sie sofort einem sichtbaren Zwecke dienen. Manche kann für sich „herausgeholt" werden als „reine" Konstruktion. Damit ist der Anfang zum „Konstruieren" auf die natürlichste Weise gemacht, und nun gibt es auch bei abstraktem Stoffe kein Abflauen des Eifers mehr. — Dieser Eifer ist hier kein theoretisches Ergebnis, sondern vieljähriges Erlebnis — weil das inzwischen erworbene Zeichengeschick an sich nun dem Schüler Freude macht. Er ist für das gebundene Zeichnen gewonnen durch den solange verkannten schönen Stoff.

Wer das Bedenken hat, solch „Ornament" sei allenfalls nur für die allgemeine Schule oder an der beruflichen nur für die künstlerischen Fächer — wo es sich vorzüglich mit dem Freihandzeichnen und der Farbenlehre verbinden läßt —, der möge beachten: dieser Stoff erhält hier sein Recht durch seinen pädagogischen Wert, der soeben dargetan wurde. Für die angehenden Berufsschüler ist aber eine fachliche Zuspitzung möglich. Die meisten Motive lassen sich nämlich leicht zu Durchbrucharbeit umbilden, also hier für Blecharbeit. (Sie ist technischstilistisch gleich mit der Malerschablone und der Laubsägearbeit; die Maurer üben farbige Wandmuster mit Verblendern.) Der Verfasser hat die 14jährigen seinerzeit derartige Gestaltungen in Papier mit dem Messer ausschneiden lassen, um handgreiflich klarzumachen, daß alles genügend zusammenhängen muß bei dieser Technik.

3. *Die regelmäßigen Figuren*, deren Zahl nach ihrem gewerblichen und technischen Werte bestimmt ist, lassen sich ebenfalls durch Kleineisenarbeit (Durchbruch zunächst) schmackhaft machen für das junge Volk; um so mehr wenn eine Jugendwerkstatt in der Schule besteht. — Stoff gibt es in den Schriften für den Handfertigkeitsunterricht.

Quadrat und Kreis bestimmen bis hierher das innere Gesetz dieses Zeichnens, weil sie die technisch wichtigsten regelmäßigen

Figuren sind. Jenes wird als Netz vornehmlich Unterlage für die Rhythmik, dieser liefert Elemente mit dazu, schafft die Berührungsformen und ist Grundform für die wenigen regelmäßigen Figuren. 7-, 9- und 11-Eck sind überflüssig; 48- und gar 64-Eck (Tatsache!) sind wohl vom Erfinder seinerzeit nicht selber ausprobiert worden.

4. *Das Maßzeichnen* beginnt der Anfänger schon an Ornament und regelmäßigen Figuren, insofern er gegebene Maße und Verteilung auf dem Bogen einzuhalten hat. Jetzt soll er noch einen Vorgeschmack vom gewissenhaften Maßeinschreiben in die Reinzeichnung erhalten, nach kleinen „Aufnahmen" von zunächst möglichst flächenhaften Gebilden. Es kann sich für ihn, mit seinen fehlenden oder geringen Fachkenntnissen, nur erst um sozusagen die Anstandsregeln dabei handeln. Diese sind sowohl geschmacklicher als technischer Art. — Stoff hierzu ist in den Schriften für die Fortbildungsschule reichlich zu finden. — Dieses Maßeintragen bildet den Übergang zum Fachzeichnen. Das geometrische und Projektionszeichnen mit den mancherlei Hilfslinien und -konstruktionen, zum rechten Verständnisse für das Entstehen der Zeichnung, sollte tunlichst auf die fachliche Zutat der Maßlinien verzichten. Es ist auch nur pädagogisch richtig, den Anfänger nicht mit einem Vielerlei zu belasten; dazu gehören auch für Gymnasiasten die Stücklisten, welche einmal auftauchten.

So weit die Unterstufe des geometrischen Zeichnens, die für viele genügt.

5. *Die Oberstufe des geometrischen Zeichnens*, also für die höhere Schule und die technische Fachschule, darf und soll einen abstrakten Einschlag haben. Doch auch hier ist nicht Euklid führend, sondern Apollonius von Pergä (um 250—200 v. Chr.) mit seinem Berührungsproblem[1]), welches den roten Faden bildet für eine Entwicklungsreihe von Konstruktionen, nebst Anwendungen, allein „durch des Zirkels Gerechtigkeit". In der Reihe liegt der pädagogische Gehalt.

---

[1]) In der Z. f. gew. U. 1918, Heft 3, 4, 5, hat der Verf. dieses Zeichnen erstmalig ausführlich dargelegt und sich nicht auf Anwendungen aus dem Maschinenfache beschränkt. — Die abstrakten Aufgaben des Problems hat der vorgenannte Architekt Scheffers schon in den 70er Jahren als Zeichenstoff, neben dem euklidischen, seinen Studierenden überwiesen.

Der Zusammenhang mit der Unterstufe ist durch das Problem an sich vorhanden, da schon dort Berührungen vorkamen. Derjenige Schüler aber, der sie jetzt von einer höheren Warte und mit reiferem Geiste neu aufgreift, gelangt jetzt zum freien Besitze derselben — durch Zeichnen. Schon in der ersten Anwendungsfigur erscheinen als Ergebnisse die technisch wichtigsten regelmäßigen Vielecke: Quadrat und Achteck, Zwölf-, Sechs- und Dreieck. — Besonders wertvoll wird das Auftreten der natürlichen, nämlich rein technischen Winkelhalbierung mittels Parallelen, die in der alten Planimetrie unbeachtet bleibt, aber technisch dadurch bedeutsam ist, daß sie auch auf Winkelschenkel von Kreisform anwendbar ist. Zum Schlusse konstruiert der Schüler — immer nach demselben Verfahren vom ersten bis letzten Gliede der Reihe — die Kegelschnitte als reine Formen der Ebene. An der Konstruktion sieht er das Bildungsgesetz jeder dieser Kurven ein; bei der üblichen mechanischen Konstruktion wird ihm dieses Gesetz vorweggegeben, jetzt ergibt sich ihm von selbst das Warum. — Der besondere geistige Wert dieser Übungen liegt aber, besonders wichtig für Maschinenbauer, in dem dabei geübten kinematischen Denken, insofern stets mit rollenden Kreisen gedacht werden muß. Damit ist der naturgemäße Übergang zu rein graphischen Kurven vorhanden: zu den Radlinien oder Zykloiden, mit denen dieses Zeichnen schließt. Die Anwendung solcher bringt das Fachzeichnen.

§ 3. Das projektivische Zeichnen. Wir haben es hier mit der dritten Formalstufe zu tun (§ 1, 5c). — Die große Masse der Kulturmenschen ist erst auf der zweiten, der perspektivischen, angelangt, d. h. jedermann versteht ohne weiteres Perspektiven wenigstens zu lesen und wird auf dieser Stufe weitergebildet durch die handzeichnende und photomechanische Bildkunst. Unsere Zeit fordert, daß die Menschen die dritte Stufe gewinnen. Mit dieser, auch mit der vierten, besteht aber noch starke Spannung. Warum?

1. *Jede Zeichnung ist ein Abzug der Wirklichkeit auf der Fläche;* jene vier Stufen sind aufsteigende Grade des Abzuges. — Das kennzeichnende Bild der ersten Stufe versteht schon ein Kind, denn das Verstehen liegt seit Urzeit dem Menschen im Blute. Er deutet das Bild richtig; die Genauigkeit der Deutung ist durch den Grad des Kennens des Gegenstandes mitbedingt. —

Das perspektivische Bild ist eine mehr oder weniger gute Wiedergabe des räumlichen Eindrucks, den das Auge von der Wirklichkeit empfängt; wir kommen ihm mit „Erinnerungsbildern" entgegen. Daher die Lesefertigkeit für solche Darstellungen, die auch nur eines Bildes bedürfen, um verstanden zu werden. — Die Darstellung in Rissen bedarf mindestens zweier Bilder. So sehen wir die Natur nicht! Daher fehlen die Erinnerungsbilder. Daß ebene oder zylindrische Grenzflächen von Gegenständen als Strich erscheinen können, ist gar nicht in unserem Gedächtnisse, weil dieser Eindruck bei Bewegungen im Raume nur Augenblicksdauer hat. Das haftet nicht. Daher fallen gerade die sog. „einfachen Stellungen", mit denen der Anfänger beginnen muß, so schwer, z. B. ein Backstein in Gestalt von zwei Rechtecken neben- oder untereinander. Der Lernende muß also gewöhnt werden, zusammengehörige Risse zu erkennen als Ergebnisse eines angenommenen Sehverfahrens mit mindestens zwei Blickrichtungen, z. B. von vorn und von oben nach dem Gegenstande hin.

Dieses Ungewöhnte muß er erst einigermaßen praktisch üben an Modellen, bis er fähig ist, solches Besehen in seiner Vorstellung vorzunehmen. Zunächst beim sichtbaren Modelle, das etwa auf dem Pulte steht; dann bei überhaupt unsichtbarem Dinge, doch muß dieses bekannt sein.

2. *Und dieses ist überhaupt das Ziel*: Der Schüler soll auch ein nur Gedachtes sich richtig vorstellen können. Darum muß er möglichst „los vom Modelle"; das entspricht dem Zeichenpraktikum und ist verhältnismäßig leicht, denn es entspricht auch der Gepflogenheit der ersten Formalstufe. Immerhin ist das Nurvorstellen eines Dinges oder einer Bewegung samt dem zweifachen Besehen ein recht verzwickter Akt. Er muß dem Zeichnen vorangehen; und richtig ist zu denken, denn wer falsch denkt, der zeichnet falsch. Und nun tritt die Frage auf: wie wird das in Rissen gezeichnet, das Gesehene oder Vorgestellte?

So schwer diese Gruppe von Denkvorgängen auch zu bewältigen scheint, von der perspektivischen Stufe aus ist der naturgemäße, also leichteste Aufstieg zu ihr für die große Masse der Schüler. — Es gibt seit Riedlers Eintreten für den formalen Bildungswert der Perspektive, 1896, viele andere gewichtige Stimmen für die bessere pädagogische Ausnutzung derselben.

Sie kann nur in der soeben erwähnten Richtung liegen, auch weil die Perspektive das natürliche Mittelglied ist zwischen der Wirklichkeit und der nächst höheren Abstraktion, den Rissen, und vor allem, weil sie durch plastische Wirkung dem Neulinge gefällt. Aber nur die älteste Form derselben, die Parallelperspektive, ist der geeignete Vorhof für das Projektionszeichnen, weil sie dem Lernenden mehr „liegt" als die echte; nur das kann der Grund sein für das so leichte Erlernen derselben.

3. Wenn der Anfänger aber auch in den anfeuernden Genuß des Selbsterschaffens im räumlichen Denken kommen soll, so muß er in dieser leichten Darstellungsweise „modellieren". [Dazu ist das technische Freihandzeichnen da[1]).] Wir ziehen also die primär-sekundäre Tätigkeit mit heran, ehe die rein sekundäre (§ 1, 3) in den Rissen in ihr volles Recht tritt. Das Modellieren oder Umwandeln geschieht an den *zwei technisch wichtigsten Grundformen*, am Rechtwinkligen und am Drehrunden. Typen dafür sind Würfel und Zylinder; der Zylinder wird gewählt, da er die Beweglichkeit der Kugel mit der Standfestigkeit des Würfels vereint. Statt des Würfels ist dem Anfänger der „Backstein" zu geben, erstens weil er ein sehr guter Bekannter ist, und zweitens, weil er verschiedengestaltete Risse gibt; die gleichen des Würfels in „einfacher Stellung" machen den Anfänger irre. — Durch das Modellieren wird auch die Beweglichkeit der Vorstellung geschult (dgl. durch Skizzieren eines einfachen Körpers aus dem Kopfe in verschiedenen Lagen). Der Maschinenbauer hat ungemein viel mit bewegten Dingen zu tun; er muß sich Bewegungen und ihre Folgen vorstellen können.

Das Umwandeln der Grundform, viel geübt in der Werkstatt, hat zugleich den praktischen Zweck, neue Motive für das Zeichnen zu gewinnen; es werden ja so viele gebraucht — schon damit dem Lehrer der Stoff nicht über wird —, daß ein ganzes Modellhaus für solch Kleinzeug an jeder beruflichen Schule nötig wäre, wenn ... Die perspektivischen Skizzen des Lehrers müssen oft genug dem Neulinge wenig oder unbekannte Formen erstmalig klarmachen.

Der Anfänger ist mit handgreiflichem Stoffe zu behandeln; am besten mit ihm recht bekannten Dingen oder solchen,

---

[1]) Keiser: Freies Skizzieren für Maschinenbauer 3. Aufl. Berlin: Julius Springer 1921.

die er soeben zeichnend selber schuf. Für Neues sind Modelle wertvoll zum Besehen und Betasten, denn junge und wenig gebildete Menschen haben alle den Trieb, die ihnen neuen Dinge anzugreifen. Sie brauchen diese Art, mit dem Besehen, um „begreifen" zu können; Aufmessen ist die fachmännisch-gewissenhafte Steigerung derselben. — Die geometrischen Körper in der üblichen Reihe geben die Richtung des stofflichen Aufbaues.

Es ist hier vornehmlich über die Unterstufe gesprochen worden. Ist doch aller Elementarunterricht der wichtigste, weil er für so viele der einzige bleibt, von dem aus sie sich selber helfen müssen, und weil er anderen der feste Unterbau sein muß für Weiteres. Er soll also hier

4. der *Oberstufe* an Mitgift zuführen:

vorgeübtes exaktes räumliches Denken und Beweglichkeit desselben;

Erfahrungen mit planimetrischen und stereometrischen Formen; neben den perspektivischen jetzt auch projektivische Erinnerungsbilder;

zeichentechnisches Können;

oder in Summa: eine gewisse Zeichenfertigkeit von Kopf und Hand.

Bestehen bleibt, was § 4, 2 gesagt wird, doch erfährt das Vormachen manche Einschränkung zugunsten des Nurvorbesprechens oder sofortiger zeichnerischer Bestellung. — Jetzt erhält der Schüler manche genauere Begründung; aus der allgemeinen Stereometrie können gewisse Grundlegungen gegeben werden, die abstrakter Art sind. — Für den stofflichen Aufbau ist nicht mehr die Reihenfolge der geometrischen Körper bestimmend, sondern in erster Linie deren stereometrische (weniger die stereotomische) Bearbeitung. — Die Perspektive tritt in den Hintergrund, spielt aber günstig vom technischen Freihandzeichnen mit herein, vor allem, wenn beides Zeichnen in einer Hand liegen kann. — Fachzeichnen ist ausgeschlossen; es sind zeichnerisch Probleme zu lösen, welche dem Fachzeichnen und Konstruieren zur „freien" Verfügung stehen sollen.

§ 4. **Grundzüge der naturgemäßen Methode.** Einiges derselben ist schon im vorstehenden mit enthalten. Dieses und anderes läßt sich aber noch in anderer Weise zusammenfassen. Neu daran wird nur sein die Beziehung auf unser Zeichnen.

Dreierlei zusammenwirkende Methoden kommen auch für unsere Zwecke in Betracht.

a) Die subjektive; sie gründet sich auf die Natur des Menschen. Der Schüler ist die Hauptsache, seinetwegen ist aller Unterricht da.

b) Die objektive; sie betrifft den Aufbau des Unterrichtsstoffes, der nur Mittel zum Zwecke ist.

c) Die elementarische; sie geht vom Nahen zum Fernen, vom Geläufigen zum Ungeläufigen, vom Anschaulichen und Handgreiflichen zum Begrifflichen, usw. Sie setzt den Schüler durch Fragen in Bewegung.

Die wissenschaftliche scheidet für unseren Zweck aus; sie wendet sich an reife Köpfe. Nach jenen Methoden sollen die Köpfe erst für wissenschaftliches Erfassen fähig gemacht werden.

1. *Die elementarische Methode ist die naturgemäße* für die Schüler, welche hier ins Auge zu fassen sind; die weitaus meisten Anfänger der höheren Maschinenbauschule in bezug auf projektivisches Zeichnen sind nicht ausgenommen, da sie noch ratlos vor jedem angewandten Falle stehen und dieses Zeichnen in einem Umfange und mit einem Nachdrucke für sie einsetzt, den mancher noch nicht kennt. Die ,,Praktikantenkurse" sollen dem abhelfen. — Diese Methode umfaßt eigentlich die zwei anderen mit, indem sie dem pädagogischen Satze folgt:

Der Unterricht ist auf dem Standpunkte des Schülers zu beginnen. — Weil der Schüler nicht voll Punkte, Linien und Ebenen steckt, sondern voll Anschauungsbilder, so ist der Anfang mit diesen abstrakten Gebilden allmählich aufgegeben. Ja in neuester Zeit sind auch die abstrakten geometrischen Körper zugunsten ihrer Anwendungen stark zurückgedrängt worden. — Die erlebten Anschauungen der Werkstatt sind aller Schüler beste Mitgift. Sie sind die psychologische Grundlage, derzufolge die Schüler so gern Gegenstands- und Fachzeichnen treiben; weniger weil dieses im hergebrachten Sinne ,,so praktisch" ist. — Die wahre Praxis besteht in der Fähigkeit, sich selber helfen zu können! — An dieses Mitgebrachte muß die Schule anknüpfen und den Unterricht lückenlos fortführen.

Die Lückenlosigkeit des methodischen Aufbaues liegt aber mehr im geistigen Wachstume des Subjektes als in der objektiven Reihenfolge der Gegenstände, obwohl auch durch diese, durch die Steigerung der Aufgaben, jenes Wachstum wieder bedingt ist.

Eine Unter- und eine Oberstufe zu unterscheiden ist nötig, da eine Sache mit halben Kindern oder Neulingen anders zu behandeln ist wie mit Erwachsenen oder Eingeweihten.

2. *Drei verschiedene Grade der Tätigkeit* auf jeder dieser zwei Stufen und in jedem Abschnitte derselben bestehen längst in aller Arbeit und gelten auch für dieses Fach:

a) **Vormachen** (Zusehen dabei) und **Nachmachen**,

b) **Anwenden und Üben**, sofortiges, des eben Gelernten,

c) das **Schaffen und Erzeugen**, Erfinden und Erdenken, Konstruieren.

Zu a): Das ist eine gewaltige Wegkürzung in aller Lehre; jedoch ist nicht das Fertige nachzumachen, sondern das **Werden ist vorzumachen** zum Nachahmen. Davon lebt jeder Lernende zunächst. Alles Fertige ist stumm für den Nichtsachkenner und macht oft genug sogar den Kennern schwere Not in der richtigen Deutung und zeitigt manchen Streit unter ihnen über das Wie, Warum usw. (siehe Altertumsforschung). Daher ist für unsere Anfänger unbedingt die Vorlage, d. h. die fix und fertige Zeichnung, abzulehnen. Auch ist in ihr die geistige Arbeit schon getan und gerade diese soll und will der Schüler leisten.

Der Könner hat in sein Denken hineinsehen zu lassen durch das begleitende Wort bei seiner Vorarbeit. Doch soll er nicht nur vortragen, weil das diese Anfänger bald ermüdet — auch vergessen sie dabei leicht das Zurückliegende —, er soll aber durch Fragen das Denken stets in Bewegung setzen und das Ergebnis bald zeichnend festlegen lassen. (Die Schüler sind am liebsten immer zeichnend tätig.) Dazu gehört, das Wie und Warum aus dem Schüler herauszufragen. Das rechte Maß im Fragen einzuhalten, versteht sich von selbst — die beste Antwort ist der Strich. Aber bei dem Ausforschen fühlt sich am ehesten **der Schüler als Mitarbeiter**.

Des Lehrers Lehrmittel sind anfangs nichts weiter als einige grundlegende Modelle, die Kreide und die Tafel. Er leiste seine Vorarbeit sooft und solange als möglich **freihändig**; hierbei erfaßt der Anfänger den **Sinn der Sache** besser — das erste, was nötig ist — als bei exakter Vorarbeit, die gerade ihn zum „Strichenachmachen" verführt, d. h. ängstlich zu achten, daß auch bei ihm Punkt *A* rechts von *B* liegt usw. Dieses Verfahren fordert als Zugabe das gelegentliche Aushängen von **Vorbildern**; anreizende Beispiele sind da gute alte Schülerzeichnungen.

An einer Anfängerarbeit unmittelbar zeichnen ab und zu und (eine Gruppe) zusehen lassen, ist wichtig; da sieht der Lernende am besten, wie in der Werkstatt, „wie es gemacht wird".

Fürs Zeichnen aus dem Kopfe muß älteren Schülern oft erst Mut gemacht werden — eben auch durch Vormachen. — Alles Vormachen löst den Nachahmungstrieb aus.

Zu b): Das sofortige Anwenden und Üben ist wichtig, 1. damit das eben Gelernte fest wird, und 2. damit der Schüler mit dem jeweils Bekannten selbständig wirtschaften lernt; das ist höchstes Ziel und wertvoller als Vollstopfen mit vielerlei Stoffen. Schon mit wenigem läßt sich mancherlei ausrichten. — Da dieses Zeichnen im Gebiete der Mathematik liegt, wenn auch fast nur Anwendungen bearbeitet werden schon vom geometrischen Ornamente an, so ist es sehr leicht, Aufgaben zu stellen, d. h. nach gegebenen Bedingungen ist das Unbekannte zu suchen. — Im projektivischen Zeichnen ist besonders lehrreich für den Schüler, daß er an recht verschieden eingekleideten Aufgaben sieht, wie eine Gruppe oder Reihe solcher doch nur einerlei Grundform oder -gedanken hat, und daß der grundlegende Fall gleichsam die Formel ist für die Lösungen. — Hier beim Suchen der Lösung, auch bei recht einfachen Sachen, merkt der Schüler, wie schwer das Selberfinden ist.

Diesen Übungen ist die meiste Zeit zu widmen. Da fast jede neue Anwendungsform irgendeine Abweichung vom Grundfalle hat, so ist auf sie hinzuweisen, nötigenfalls dieser Teil der Lösung besonders durchzusprechen.

Zu c): Erzeugen und Schaffen, „Konstruieren", ist das Höchste. Sein bester Teil kann nicht gelehrt werden; dazu gehört Naturanlage. Die vorhandene wird gebildet und gestärkt, die nicht vorhandene ist beizubringen unmöglich. — In der darstellenden Geometrie kann der Schüler nichts Neues schaffen; sie soll ihm geistiges Rüstzeug sein, das er gebrauchen lernen soll durch Anwenden und Üben. Da gibt's reichlich Selberschaffen für ihn, und damit wird ihm dieses Zeichnen zur Fertigkeit von Kopf und Hand, zum Ausdrucksmittel räumlichen Denkens.

3. *Der Lehrer selbst ist die gute oder schlechte Methode*, nämlich durch seine Art, sich im Unterrichte zu geben, Subjekt und Objekt zusammenzubringen. — Er soll fortreißend wirken; er soll sein ein überfließender Quell von Lippe, Auge und Hand. — Das gute Beispiel des Lehrenden ist der beste Teil aller Lehre, ist Methode aller Methoden.

§ 5. Unterrichts- und Zeichentechnisches. Da der Unterricht Massenunterricht ist (gemeinsame Belehrung), so gestattet er am ehesten ein rasches Durchsehen und Vergleichen der laufenden Arbeiten, zumal wenn bei allen Schülern der Klasse die Bogen einerlei Inhalt haben. Diese Gleichheit ist auch von Vorteil für ein gerechtes Zensieren jedes einzelnen Bogens und für die Kontrolle der säumigen Ablieferer. Beiden Zwecken dient eine Liste auf gekästeltem Papiere: von oben nach unten die Namen, oben quer die Reihe der Bogen, jeder gekennzeichnet durch eine Marke oder ein Stichwort seines Inhaltes. Die sofortige Buchung in solcher Weise schützt vor manchem späteren Streite. Wie die Gleichheit des Bogeninhaltes zu keiner immer absoluten wird, geht aus der Abänderung mancher Aufgaben hervor, die in den ausführenden Kapiteln besprochen ist. Sie werden anfangs nach Rotten 1 und 2 verteilt, um nachbarliches Absehen zu hindern, sind also Mittel zur Gewöhnung an Selbständigkeit und Selbstvertrauen. Genau so ist es mit gelegentlichen Zeitaufgaben (auf Viertel- oder Achtelbogen, besonders zu zensieren). Hierbei lernt der Lehrer bald die Kraft des einzelnen kennen und worüber etwa erneut zu sprechen ist.

1. *Der Lehrer hat die einzelnen Bogen als seinen Lehrgang genau und exakt durchzuarbeiten*, um die Eigenheit jeder Einzelaufgabe zu erkennen; auch wegen der Platzverteilung, bei dem gleichen Inhalte und der möglichsten und auch gefälligen Ausnutzung der Fläche; endlich damit er die Hauptmaße der Aufgabe angeben kann, zuweilen in Millimetern genau, wenn dasjenige recht deutlich werden soll, worauf es besonders ankommt.

Zu kleine Darstellung ist bei Anfängern zu meiden. — Bei diesen sind auch bei Schulbeginn alle Geräte auf ihre Brauchbarkeit durchzusehen; das ist wichtig, um die zeichentechnische Leistung des einzelnen richtig beurteilen zu können. Anfänger haben die starke Neigung, für solches Mißlingen die Schuld auf das Gerät zu schieben. Oft genug muß dem Anfänger an der

Berufsschule noch das Bleistiftspitzen gelehrt werden; dazu gehört ein scharfes Messer und ein Streifchen feinstes Schmirgelpapier für am besten kegelförmige Spitze; Bleistift Nr. 3; Nr. 4 ist für die Schreibhand dieser Jugend der Unterstufe nur ein Gravierstichel.

2. Der *Schlagzirkel* soll am besten an einem Schenkel einen Nadeleinsatz haben mit geachselter Nadelspitze, um auffällige Löcher zu verhindern; jedes Loch ist eine Schande für den Exaktzeichner. Ist mit dem Stichzirkel ein kleines Maß in Reihe anzutragen (Netze!), so muß dieser „marschieren" in geradester Richtung. Zirkel sind nur am Kopfe zu handhaben, nicht mit beiden Händen.

Die einfachste Schiene, die mit dem Blatte auf dem Kopfe, ist die beste; das Schiebedreieck muß glatt über den Kopf gleiten können. Die Schiene ist links anzuschlagen, selten unten; oben und rechts überhaupt nicht; sie soll rechts mindestens 20 cm den Bogen überragen, damit das Dreieck auch bei äußersten Linien sicheren Stand hat. Die Oberkante der Schiene, die beleuchtete, dient zum Zeichnen und Aufsetzen der Dreiecke; nie die untere. — Der Strich wird „gezogen", aber nicht „gestoßen", mit wenig Ausnahmen wird er vom Zeichner wegwärts gezogen. Die Stiftspitze darf nicht unter die Leitkante kriechen wollen. Der Tuschestrich muß unbedingt auf einen, nicht zu schnellen, Zug kommen. — Der Block ist für Zirkelzeichnen nicht zu empfehlen; die Stiche im unteren Blatte führen auf diesem dann zu Irrtümern.

Es dauert 2—4 Wochen an Vollgewerbeschulen, bei 4 bis 6 Stunden gebundenem Zeichnen wöchentlich, ehe die Masse der Jugendlichen (9. Schuljahr) auf die ihnen meistens noch sehr neue Art des gebundenen Zeichnens einigermaßen eingestellt ist.

3. Eine Versäumnisliste ist vor allem für Abendklassen einzurichten. Auswärtige Montage, Überstunden, Körperverletzung und sonstige Krankheit sind die natürlichen bekannten Anlässe für das Fehlen von stets 5—8 Mann bei 30—36 Klassensollbestand. — In der Liste stehen wieder die Namen untereinander, die Tage oben hintereinander; jeder Anwesende erhält einen Strich (/), jeder Fehlende eine Null (0). — Am besten ist eine Gesamtliste für alle 4 Abende. Hinter jedem Schüler laufen dann 4 Kolonnen untereinander, so daß jeder beteiligte Lehrer mit einem Blicke jederzeit über jeden Schüler in Kenntnis ist.

4. *Die Einträge im Klassenbuche* über den behandelten Stoff hat der Verfasser nach dem in sich geschlossenen Inhalte der einzelnen Bogen angegeben. Die einzelnen behandelten Aufgaben können nicht immer auch einzeln angeführt werden, wohl aber die Zahl derselben auf einem Bogen. Zu vermerken ist, wann die Vorträge für den einzelnen Bogen begannen und endeten und die durchschnittliche Ablieferungszeit der einzelnen Bogen.

B. Ausführungen.
I. Das geometrische Zeichnen der Unterstufe.

§ 6. Quadrat und Kreis sind die 2 geometrischen Grundfiguren desselben. Nach § 2 ist der naturgemäße Aufbau des Stoffes: geometrisches Ornament — regelmäßige Figuren — Elemente des Maßzeichnens. — Wenn man von dem psychologischen Zwecke des Ornamentes absieht, so hat dieses Zeichnen den Zweck, dem Schüler ein erstes Zeichenpraktikum zu sein und ihm eine eingekleidete, eine lebendige Planimetrie zu bieten, aus der die „reine" nach Bedarf herausgeholt werden kann. Wegen dieses anschaulichen Anfanges können Schüler an diesem Zeichnen teilnehmen, die noch gar keine Planimetrie kennen; Projektionszeichnen treiben ja auch viele ohne Ahnung von der allgemeinen Stereometrie.

Über den Bedarf an „reinen" Grundformen, die diesem Zeichnen den inneren natürlichen Halt geben, gibt die technische Arbeit — der dieses Zeichnen dient — die rechte Anweisung: ihr Bedarf an planimetrischen Formen ist ungemein bedingt durch deren technische Brauchbarkeit. Das heißt, die Form muß sich leicht merken, leicht und exakt in Werkarbeit und auf der Zeichenfläche herrichten und auch vielseitig umbilden und ausnutzen lassen. Dem entspricht am besten das Rechtwinklige und das Drehrunde. Dessen Typen sind in der Ebene das Quadrat und der Kreis.

1. *Quadrat und Kreis sind uns Urnormen.* „Das Quadrat ist auch bei Pestalozzi das erste Element der Form. Er ist sich vielleicht nicht bewußt gewesen, daß er damit im Unterrichte denselben Weg ging, den auch die geschichtliche Entwicklung der Geometrie einschlug" (Timerding, § 2).

Am Quadrat, mit seinen natürlichen Teilungslinien (Diagonalen und Mittellinien), sind **geschmackliche** und **mathematische Elemente** neben seinem **technischen** Werte vereint, die **alle mit einem Blicke** erfaßt werden: zentrale rhythmische Bildung und vierfache Symmetrie (§ 2, 1, Schluß). Dazu Punkt (Mitte und Ecken), Geraden verschiedener Lage, Parallelen, das Rechteck (durch Verdoppeln oder Halbieren), der ganze und halbe Rechtwinkel, das rechtwinklige, gleichschenklige Dreieck und durch Zerschneiden des Rechtecks auch das ungleichseitige; durch dessen symmetrische Verdoppelung das hohe oder breite gleichschenklige (Giebel), welche den anschaulichen Beweis gibt, daß die ,,Höhe" senkrecht auf der Mitte der ,,Grundlinie" steht und den Winkel an der Spitze halbiert. Für Flächenvergleich und -berechnung, Ähnlichkeits- und für Proportionslehre, kann das Quadrat Ausgang sein, soweit das für Zeichnen nötig ist.

Das **technische Vorkommen** als Einzelstück und in einfachen Zusammensetzungen ist den Schülern nicht unbekannt (Platte, Querschnitt, am Rahmen ein äußeres und das innere als ,,lichte" Öffnung, Schachbrett, Fliesenbelag, Parkett, geriffelte Eisenbleche u. a.). Eins der Zeichendreiecke ist ein halbes Quadrat.

2. *Mit dem Kreise ist es ähnlich:* eine in sich geschlossene Linie (,,Kurve") mit immer gleichem Abstande von einem ,,Mittelpunkte" (der Zirkelschlag ist Beweis); die regelmäßigste Figur, die also enge Beziehung zu den anderen ,,regelmäßigen" Figuren hat; Sterne, Räder, Fräser, Ankerwicklungen u. a. eingeschlossen. Das sind technische Formen, die durch rhythmische Gestaltung schön sind; an anderen kommt der Kreis nur in Stücken vor, verbunden mit Geraden usw.

Mit **Quadrat und Kreis, den Urnormen, beginnt also ein Vierfaches auf den angehenden Zeichenschüler zu wirken:** 1. Das **rhythmisch Schöne**, durch welches er sich unbedingt fesseln läßt für das gebundene Zeichnen; es tritt später in den Hintergrund; 2. das **Technische**, insofern er mindestens solche Anwendungen kennt; 3. das **Zeichnen**, jetzt für ihn das Wichtige und Interessante; 4. aus dem Zeichnen folgende **mathematische Erkenntnisse**, die ihm Hunger nach mathematischem Wissen machen.

§ 7 A. Zeichnen und Ausnutzen des Quadrates. — Der Schüler soll zunächst eine Probe erhalten, was allein mit Schiene und beiden Dreiecken für gefällige Sachen, wie im Spiele, gemacht werden können. — Zeichnen mit „Lineal" und Zirkel gibt's im Zeichenpraktikum nur im äußersten Notfalle; auch den Transporteur brauchen wir nicht. — Gearbeitet wird vorerst auf einem halben Bogen aufgezweckten weißen leeren Schreibpapiers und am besten mit 2 Stiften Nr. 3; ein fein gespitzter, stets bald nachzuschärfender, für die feine Anlage, ein gröberer zum derben Nachziehen.

1. *Vorspiel*; der Lehrer arbeitet freihändig an der Tafel. — 2 feine parallele Wagrechten an der Schiene mit 30 mm Abstand. (In welcher Richtung ist der Abstand zwischen parallelen Geraden und zwischen parallelen Kreisen zu messen?) Vorn links nach rechts hinauf eine feine 45° Schräge mit dem „auf die Schiene gesetzten" Dreieck; von da nach rechts 45° hinab usf. Ein Zickzackzug. — Vergleichen der Schräglängen durch Messen mit dem Zirkel — feine Senkrechte durch die Ecken. Ergebnis?

Nun das 60°-Dreieck mit der Hypotenuse auf die Schiene, den 60°-Winkel links: im 1., 3., 5. Quadrate durch 2 Ecken je eine 60°-, durch die anderen Ecken je eine 30°-Schräge — alle stark; nun den 60°-Winkel rechts und dasselbe im 2. und 4. Quadrate. Das Ganze ist eine gefällige symmetrische Reihung (symmetrische Umklappung).

Neue Übung mit neuen Parallelen von 30 mm Abstand und quadratischer Einteilung: a) im 1. Quadrat durch die unteren Eckpunkte je eine 60°-Schräge — messendes Vergleichen der Dreieckseiten — dasselbe Dreieck von oben nach unten hängend — alle 4 Linien stark; b) im 2. Quadrat durch die beiden linken Ecken je eine 30°-Schräge — von rechts her dasselbe ..., 3. Quadrat wie das 1., 4. wie das 2. — Diese Reihung hat nur eine Symmetrieachse.

2. *Konstruktion von Einzelquadraten* auf demselben Blatte (ohne Zirkel). Quadrate von 40 mm Seitenlänge; nur einmal darf das Maß mit dem Zirkel angesetzt werden.

Quadrate „auf der Seite" und „auf der Spitze". Beginn: einmal mit einer Ecke, einmal mit 2 Parallelen. — Wird mit den Diagonalen begonnen, so ist eine Winkelhalbierende einzulegen (spätere Mittellinie), welche das Maß der Seite erhält. — Alle Quadrate stark, Diagonalen fein, Mittellinien fein stricheln.

Zusatz: Jedem Quadrat ist ein Kreis „umzuschreiben" und einer „einzuschreiben". — Erkenntnis: *Ein Quadrat kann als eingeschriebenes aus der „Vierteilung" des Kreises entwickelt oder als „Tangentenquadrat" dem Kreise umschrieben werden.*

§ 7 B. Das Quadratnetz oder die Massenherrichtung von kleinen Quadraten (ohne Stichzirkel exakt nicht gut möglich). — Erstes Arbeiten auf dem Zeichenbogen in einem Arbeitsrechtecke von 36: 50 cm; etwa 2 cm Rand nach außen dazu für Beschriftung; Querformat.

Oben: links Netz „auf der Seite", rechts „übereck". Maschenweite 20 mm. — Unten: 3 quadratisch umgrenzte Felder mit 10-mm-Netz für „Muster".

Vorbereitung der Netze mit „marschierendem" Zirkel; oben rechts im Felde läuft die Stichreihe an 2 sich schneidenden 45°-Schrägen hin, da Maße nicht von Ecke zu Ecke genommen werden. — Die oberen Netze stark, die unteren fein auszuziehen[1]).

1. *Vorbereitung* (Entwickeln) *der Muster* freihändig im 5-mm-Netze auf blauliniiertem Papiere. — Der Lehrer gibt freihändig

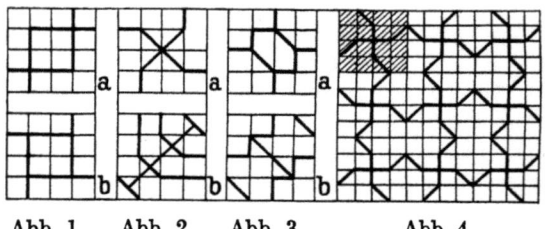

Abb. 1.   Abb. 2.   Abb. 3.   Abb. 4.

an der Tafel die 3 Paar „Elemente" oder Wiederkehrstücke (Abb. 1—3) und macht mit einem anderen Element vor (Abb. 4), wie das einzelne anzuordnen ist (symmetrisches Umklappen, seitlich und nach unten). Jeder Schüler wählt ein Stück von jedem Paare, so daß er eine **zeichentechnische Steigerung** erhält, vom Rechtwinkligen übers Stumpfwinklige zu „3 Linien in einem Punkte". Nach dem Schema Abb. 4 entwickelt er seine 3 Muster, indem er zuerst alle Ecken der Wiederkehren markiert, sonst verirrt er sich. — **Solches Entwickeln ist leichter als Abzeichnen fertiger Muster.**

---

[1]) „Ausziehen" bezieht sich stets auf den Tuschestrich; „Nachziehen" ist das stärkere Hervorheben eines fein angelegten Bleistiftstriches.

Übertragen in die 10-mm-Netze, so daß jedes Feld voll ist; das Ornament stark. — Wird in Tusche ausgezogen — was die Schüler sehr gern tun, da die Arbeit sich sauberer hält bei den Anfängern, sobald die ersten Mißgeschicke mit dem nassen Striche überwunden sind — so ist:

Ausziehregel: Alle Striche gleicher Stärke werden hintereinander fertiggemacht, damit auf einem Bogen nur genau einerlei Stärke dieser Art besteht. — Schneiden sich gestrichelte Linien, so müssen sich wirklich 2 Strichel schneiden, wenn der Schnittpunkt Bedeutung hat. — Wenn man auf der Federschraube eine Marke macht, so findet man schnell und sicher die rechten Strichstärken wieder.

2. *Als Lückenbüßer* zwischen den 2 oberen Feldern dieses Bogens 2 *Genauigkeitsübungen.* Ein starkes Quadrat mit feinen Diagonalen und Mittellinien. Dahinein mit dem 60°-Dreieck von den Ecken oder den Seitenmitten aus ein Stern; die Schnitte müssen auf die Teillinien fallen. — Darunter ein neues Quadrat ebenso stark. Dahinein ein Quadrat übereck, in dieses eines wieder auf der Seite, in dieses wieder übereck usf. Immer 4 Linien durch einen Punkt, und zwar ist das Dreieck sachgemäß an die Schiene zu setzen.

Das ungleich schnelle Arbeiten der einzelnen ist das Kreuz im gebundenen Zeichnen bei Massenunterricht. Lückenbüßer sind ein Ausweg oder ein Sonderbogen — der Lehrer muß sich zu helfen wissen. Bei Ornament hilft Schraffieren. Entweder machen das nur die Schnellen, oder die Langsamen müssen das Schraffieren abbrechen, wenn sie zu Hause nicht nachholen können. — Schraffur (wie die Farbe) hat als Zweck, die einzelne Fläche deutlich zu machen. — Bei Mustern mit nur Ecken und Überkreuzungen ist mit einem Tone neben Weiß auszukommen (Abb. 1a, 2a und 4). Alles andere braucht mindestens noch einen Ton. — Dunkler Ton (auf kleinen Partien) mit Linien stark und eng.

Der Lehrer kann eine ganze Menge neuer Elemente, nur aus Wagerechten, Senkrechten und 45°-Schrägen bestehend, erfinden — zur Abwechslung. Er beschränke sich auf 3, 4 und 5 Kästchen Seitenlänge des Wiederkehrstückes. Nach dem Schema Abb. 4 entsteht stets ein in sich geschlossenes Muster. — Für Durchbrucharbeit sind die Muster als Gerippe anzusehen, an welches beiderseits jeder Linie eine Parallele anzusetzen ist; doch wird dergleichen am besten in das Netz so eingetragen, daß die Parallelen desselben die Bandbreiten bilden. Abb. 6a und b könnten so entwickelt werden. Sofort geeignet sind Abb. 1b und 2a; bei 1a ist es zweckmäßig, beide Ecken durch je eine Kästchendiagonale zu beseitigen (im praktischen Falle würde man leicht daran hängenbleiben), die am Zusammenstoße der 4 Wiederkehren ein Kreuz geben. — Vorläufig für solche Anfänger noch zu schwer.

§ 8 A. Verwenden des Kreises im Quadratnetze. — Vorarbeit auf dem neuen Bogen: von jeder Ecke aus ein Netz von 40 mm Weite; je 4·5 Wiederkehren. In der Mitte Platz für anderes.

Exakte Vorarbeit auf dem Schreibebogen nach exakter Tafelvorarbeit: ein großes Quadrat auf der Seite (Beginn von Abb. 5a) nur mit der Diagonale von C her. 2 Viertelkreise von den Enden dieser, mit gleichem R; die andere Diagonale einlegen. Sie geht durch die Schnittpunkte der „Kreuzbogen".

Erkenntnis: 1. Die Zirkelkonstruktion, um auf der Mitte einer begrenzten Geraden eine Senkrechte zu errichten („herausholen" und danebenzeichnen in beliebiger Lage der Geraden als Zugabe auf dem Bogen); 2. die Zirkelkonstruktion, um von einem Punkte außerhalb einer Geraden (Punkt bei C) auf diese eine Senkrechte zu ziehen.

„Diese zweite Konstruktion, auch wenn in einem festen Punkte einer Geraden eine Senkrechte zu errichten ist, macht der Zeichner schnell und genau nur mit beiden Zeichendreiecken." Nun herausholen und vormachen an der Tafel, bei beliebiger Lage der Geraden, eines zeichentechnisch sehr wichtigen Handgriffes, des Parallel- und Senkrecht„abschiebens": eine Kathete kommt genau an die Gerade, und dieses Dreieck gleitet mit seiner Hypotenuse an dem anderen Dreiecke (oder an der schrägliegenden Schiene). Die erstgenannte Kathete gibt Parallelen zur Geraden, die andere des bewegten Dreiecks die Senkrechten.

Nun werden die 2 anderen Viertelkreise noch in das Quadrat gelegt, und Abb. 5a als **Grundelement** ist fertig.

1. *Umbildungen von oder Ableitungen aus* Abb. 5a. — Vormachen an der Tafel an 6 neuen Abb. 5a; die Schüler sehen zu und hören dabei auch vom Lehrer, daß „Umbilden" in aller technischen Arbeit ungemein viel geübt wird, vom Umgestalten des Rohstoffes an bis zum Neuzusammensetzen zu einem Ganzen. Alles Wachsen und Absterben in der Natur geht mit stetem Umbilden der Form einher. Da Naturordnung des

Menschen Denkordnung ist, so ist **Umbilden** ein **Arbeitsgrundsatz** überhaupt, der meistens unbewußt befolgt wird.

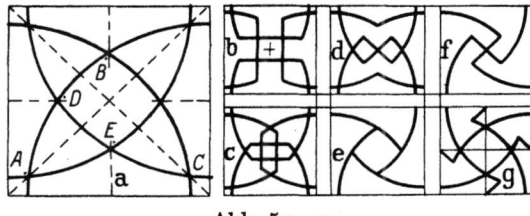

Abb. 5 a—g.

Dieses Umbilden sieht der Schüler jetzt, und das Neuzusammenbauen soll er, wie im Spiele, selber wieder treiben. — Jeder zeichnet exakt auf seinem Blatte dreimal das Grundelement in einer Gruppe von 4 Wiederkehren und schafft freihändig sich zunächst 3 Proben. *b* oder *c* bleiben sich dabei immer gleich, *d* kann auch wechselnd um 90° gedreht werden; *e*, *f*, *g* werden symmetrisch umgeklappt (wie bei Abb. 4), so daß die Elemente wechselnd rechts und links „wirbeln".

Übertragen der Ergebnisse auf den Bogen in die Kreisnetze. Im 1. Felde bleibt dieses, damit der Schüler Vollkreise in Tusche gut ausziehen lernt, in den 3 anderen Feldern Teile von Kreisen. — Schraffierübungen anschließen, sofort in Tusche (§ 7 B, 2), nicht erst in Blei.

2. *Umbilden* des Grundelementes *a* und des Elementes *e* zu *Durchbrucharbeit* in einer Größe, die oben und unten sich dem noch freien Platze auf dem Bogen anpaßt. Für *a* werden die hier stehenden Viertelkreise etwas größer genommen (doch nicht gleich der Quadratseite), dazu parallele Kreisbogen. 4 Bänder bilden jetzt die Masse, daneben sind die Löcher. (Die Umkehrung ist noch zu schwierig.) Nur die Löcher werden ausgezogen; die Masse kann, der Deutlichkeit wegen, noch gleichmäßig schraffiert werden. Für *e* das gleiche Verfahren. — Um jedes ein Rahmen, der, wie auch in Abb. 6a, das Ganze glatt abschließt.

Damit nicht alle Schüler hier dasselbe machen, gebe der Lehrer freihändig in verschiedenen Einzelarbeiten (auf dem Brette) Änderungen des Bandschemas an. Für *a*: Die 4 Dreiecke werden oder das innerste Loch wird zur Masse geschlagen; oder an die Stelle des innersten Loches tritt ein Kreis oder Quadrat auf der Seite; oder die 4 innersten Bandstücken fallen weg, und die 4 frei werdenden Spitzen werden durch Kreuzsteg verbunden; oder ringsum Stege auf die Mittellinie. — Bei e sind Änderungen schwerer mit Worten zu beschreiben. Das innere Loch kann zur Masse geschlagen werden, oder ein Kreis oder Quadrat auf der Seite tritt dahin; oder es werden die Bogen mit dem kurzen R überhaupt weggelassen und an den Flügelarmen Sehnen parallel zu den Quadratseiten angelegt.

§ 8 B. „Berührungen" zwischen Gerade und Kreis und zwischen Kreisen (Genauigkeitsübungen). Die Abb. 6 a—d bieten sofort

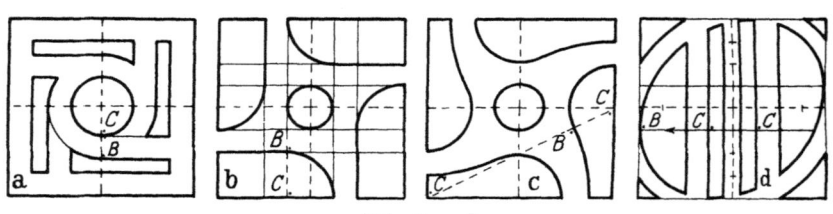

Abb. 6 a—d.

Anwendungen in Form von Durchbrucharbeit; wirbelnde Form; a und b gingen aus Abb. 1 b hervor, c aus 5 e. Bei b—d fehlt noch der zusammenfassende Rahmen. a und b mit dem Zirkel erst ins Buchnetz, denn der Schüler ist zu gewöhnen, nach seinen Handskizzen die Reinzeichnungen zu machen; sie müssen also zuverlässig sein.

Erkenntnis. Ein Berührungs-, hier Übergangspunkt B zwischen Gerade und Kreis, und der Mittelpunkt liegen auf einem R, der senkrecht zur Geraden ist. — Der Übergangspunkt B zwischen den Kreisen liegt auf der „Zentralen" C—C oder auf ihrer Verlängerung.

Zeichenregeln. Erst der Kreis oder -bogen, dann die Gerade. Sind, wie z. B. in b, alle Mittelpunkte C markiert, so sind mit demselben R alle Bogen hintereinander zu ziehen.

1. *Auf dem Zeichenbogen*, je nach der verfügbaren Zeit, a) alle 4 Motive verarbeiten, oder b) nur a und c oder b und d; zu beiden kommt noch Stoff zum Füllen des Bogens, wie etwa Abb. 7 solchen bietet.

Für 1 a): In jede Bogenecke ein Quadratrahmen von 160. mm Außenseite und 120 mm Lichtmaß; mitten hinein, parallel den

"Berührungen" zwischen Gerade und Kreis und zwischen Kreisen. 27

Seiten, ein Kreuz von 8 mm. — Damit sind für alle 4 die Umrahmungen der Zusammensetzung fertig, und b, c, d können so, wie sie hier stehen, eingesetzt werden in die 4 Kleinfelder. — Innerhalb jedes Rahmens sind dreierlei Anordnungen möglich, die nach Rotten 1—3 verteilt und vom Schüler auf Grund seines Motives sofort eingetragen werden. 1. Alle 4 Elemente (immer dasselbe) erhalten innerhalb eines Rahmens gleiche Lage. 2. Symmetrisches Umklappen nach der Seite und nach unten (kinematische Denkübung). 3. Die 2 linken haben einerlei Lage und werden nach rechts geklappt.

2. *Auf dem leeren Platze zum Füllen.* Das hier herauszuziehende rein Geometrische und im übrigen kein Ornament mehr. (Aber solches als Zwischenarbeit für Schnelle.)

Solcher Stoff: 2 sich "von außen" berührende Kreise, mit der Zentralen. (2 sich "von innen" berührende Kreise, die Zentrale und der Berührpunkt auf der verlängerten Zentrale.) Ein Kreisbogen (nicht Vollkreis) und in beliebiger Lage eine Tangente daran: Aufsuchen der Berührung durch "Abschieben" (§ 8A);

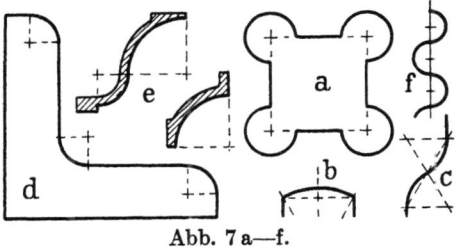

Abb. 7 a—f.

peinlich genau ist später der Kreisbogen bis zu dieser Übergangsstelle in Tusche auszuziehen. Abbildungen von 7 benutzen: a) Stabquerschnitt; b) ein Sechstelkreis als Fenstersturz oder Bogen an der Feuerungstür u. ä.; c) Verdoppelung von b z. B. bei Rohrleitung oder als Schablone bei Umdrehungskörper; d) Winkeleisenprofil; e) Simsprofile (Schauseite hier von rechts her); Wellblech. — Kataloge für "Fassoneisen" bieten noch Stoff wie a, d, e. — "Korbbogen", aber noch ohne gegebene kleine Achse; zuerst die 2 kleinen Kreise ... Kreis mit Vier- oder Sechsteilung und vom Umfange aus Bogen in wirbelnder Anordnung durch die Mitte (Motiv Schwungrad). Rechtwinklige Zickzacklinie mit Wellenlinie aus gleichen oder zweierlei Viertelkreisen. Langloch aus 2 Halbkreisen und 2 Parallelen, Mittellinie und Berührdurchmesser anstricheln; Steckscheibe.

Sehr schwer: Quadratnetz mit Berührkreisen von den Netzpunkten aus; peinlich genaues Netz nötig — nur wirklich einerlei R! — Noch schwerer dasselbe im gleichseitigen Dreiecknetz, da das Netz schon große Not macht. — Quadratnetz mit sich kreuzenden Wellenlinien (Gittermotiv), so daß in jedem Quadrat ein Viertelkreis. — Man verschone Anfänger mit dergleichen; sie verlieren die Lust oder gewöhnen sich an schludrige Arbeit.

§ 9. Regelmäßige Figuren im Kreise; nur die technisch wichtigen (§ 6). — Zeichenbogen in 3·4 Felder teilen, mitten in jedes Feld eine Abbildung. Feldereinteilung nicht in Tusche ausziehen, nur die Umrandung. Sofort auf dem Brett arbeiten.

Das Quadrat ist als eingeschriebene Figur durch die Vorübung (§ 7A, 2, Zusatz) schon bekannt. — Beide Lagen im Kreise ergeben den

1. *achtspitzigen Stern*, dessen Spitzen das Achteck auf der Spitze festlegen. — Technisch öfter gebraucht als diese Lage ist das im Innern des Sternes enthaltene Achteck auf der Seite. — Da man jedem der 2 Quadrate im Kreise einen Kreis einschreiben kann (§ 7A, 2, Zusatz), so folgt daraus die Konstruktion des

2. *Tangentenachtecks*; brauchbar, wenn der Abstand von 2 parallelen Seiten gegeben ist. — Der Stern lehrt noch konstruktiv Wertvolles: Zieht man von einer Stern- (Quadrat-) Ecke aus mit dem Radius des Kreises einen Bogen, so geht dieser nicht bloß durch die Mitte, sondern auch durch 2 Ecken des inneren Achtecks. Das führt zur Konstruktion des größten Achtecks durch Abschneiden der Ecken eines Quadrats.

3. *Herausziehen dieser Konstruktion*, aber größer wie im Sterne: Feines Quadrat auf der Seite, Diagonalen fein stricheln, mit der halben Diagonale als Radius feine volle Bogen von zwei Enden einer Quadratseite, die 45°-Schrägen ziehen; starkes Nachziehen des Achtecks. (So ist die ganze Entwicklung deutlich.) Diese Konstruktion ist sehr brauchbar für Werkarbeit, da kein Zirkel nötig ist, sondern nur Rechtwinkel und Maßstock: man trägt die halbe Diagonale von jeder Quadratecke aus auf jede Seite ab. — Die Konstruktion ist auch rechnerisch richtig, also keine annäherungsweise[1]).

---

[1]) Diese Konstruktion erschien erstmalig in der nicht datierten anonymen „Geometria teutsch", die mit des Regensburger Dombaumeisters Roritzer „Büchlein von der Fialen Gerechtigkeit" 1486 die älteste deutsche Schrift über Geometrie ist.

4a) *Der regelmäßige achteckige Rahmen.* — Ein gewöhnlicher Rahmen hat ringsum gleichbreite Leisten. — Alle „Gehrungen" zeigen nach der Mitte, d. h. beide Achtecke haben einerlei Diagonalen.

b) Der halbregelmäßige achteckige Rahmen, mit wechselnd langen und kurzen Seiten, technisch so oft benutzt wie a). — Wer hier in das große Achteck Diagonalen einlegt und nun, entsprechend a), parallel ringsum ein kleines einlegt, der erhält in diesem nur ein ähnliches Achteck, aber keinen Rahmen. Daher sind die gleichen Breiten dem Außenachteck parallel zu legen, damit jede Gehrung den Eckwinkel halbiert. — Diese technische Beobachtung ist augenfällig an den Ecken jeder Türfüllung und führt den Schüler zur

c) natürlichsten Winkelhalbierung: Man legt zu den Schenkeln in gleichen Abständen Parallelen; die Scheiteldiagonale des entstandenen Parallelogramms ist die Halbierungslinie. — Von dem Parallelogramm aus gelangt man zu der bekannten Halbierungskonstruktion.

5. *Das gleichseitige Dreieck.* — Timerding (§ 2) hält dieses Dreieck für Ergebnis der ältesten Zirkelkonstruktion. — Der Schüler schlägt über einer Wagerechten mit deren Länge Kreuzbogen und findet, daß die Schrägen an seinen 60°-Winkel, die 3 Höhen an den 30°-Winkel passen, und daß diese sich in einem Punkte schneiden, der gleich weit von den Ecken liegt, wie ein Kreis beweist, und daß sie rechtwinklig die Seiten halbieren.

Nebenübung, gute senkrechte Abschiebeübung: die 3 Höhen im ungleichseitigen Dreieck schneiden sich auch in einem Punkte; beim stumpfwinkligen außerhalb des Dreiecks. Wo beim rechtwinkligen? — Ferner: Aufsuchen eines Kreismittelpunktes durch 2 senkreche Sehnenhalbierungen.

6a) *Das regelmäßige Sechseck.* Kreisteilung mittelst 60°-Dreieck, mit wagerechtem oder senkrechtem Durchmesser beginnen. — Alle Seiten passen an das auf die Schiene gesetzte Dreieck. — Einlegen 2 gleichseitiger Dreiecke und feststellen, daß 2 „Transversalen" und der Mittelpunkt im Sechsecke dessen Diagonale vierteln. — Die Zirkelprobe ergibt Sechseckseite = Radius.

b) Neue Figur: Herrichten der 12-Teilung im Kreise mit dem 60°-Dreieck. Ergebnis: Dreiteilung der rechten Winkel und das Zwölfeck auf der Spitze.

c) **Zirkelkonstruktion des Sechsecks im Kreise.** — Von den Enden eines wagerechten oder senkrechten Durchmessers aus mit Radius Bogen schlagen. — Macht man das von den Enden beider Durchmesser aus, so ergibt sich das Zwölfeck auf der Spitze. Soll es auf der Seite liegen, so müssen beide Durchmesser 45°-Lage haben; die Schrägseiten passen an das 60°-Dreieck.

Dreieck, Sechseck, Zwölfeck haben hier nicht die hohe technische und künstlerische Bedeutung wie in der alten gotischen Baukonstruktion. — **Mit dem Quadrat sind Dreieck und Sechseck die einzigen regelmäßigen Figuren, die sich lückenlos zum Netze ausbreiten lassen.**

7. *Das regelmäßige Fünfeck.* Es steht an technischer Brauchbarkeit an letzter Stelle wegen seiner für technische Arbeit recht unbequemen Winkel, woran auch seine berühmte Beziehung zum „Goldenen Schnitte" nichts bessert. Der Zeichner bestimmt es in der Regel durch Ausprobieren im Kreise. — Für die Konstruktion aus der gegebenen Seite gibt schon die erwähnte „Geometria teutsch" eine Lösung „mit nur einer Zirkelöffnung" (Abb. 8).

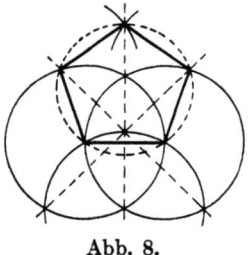

Abb. 8.

Wegen Anwendung dieser hier geometrisch betrachteten Figuren auf Kleineisenarbeit sehe der Lehrer die Literatur für Handfertigkeitsunterricht durch oder schaffe dergleichen selber.

§ 10. Das Maßzeichnen. Zeichentechnisch ist hier wieder mit dem Leichtesten, dem Rechteckigen und dem Kreise, zu beginnen und das bis jetzt über „Rechteck" und Dreieck unbeachtet Gebliebene nachzuholen. — Der Schüler besitzt jetzt genügende technische Zeichenfertigkeit und Kenntnis geometrischer Formen und Konstruktionen, um nun die meiste Aufmerksamkeit dem **Messen von Dingen, dem folgerichtigen Aufbau der Zeichnung nach den Maßen, dem Einschreiben derselben und auch dem exakten Übersetzen wirklicher Größen in eine kleinere Zeichnung** widmen zu können. — Natürlich ist dieses Mehrerlei nacheinander zu bieten. Es ist so einfach als möglich zu beginnen, also mit Flachgebilden und Zeichnen in Naturgröße.

Dieses Arbeiten soll am besten durch **technisches Freihandzeichnen** (§ 3, 3) vorbereitet sein, wo viele Schüler erst wieder die Schreibhand in eine freibewegliche, vor allem die Finger, zurückbilden müssen; wo die Fähigkeit zu kleinen ,,Aufnahmen" erworben und auch das Maßeintragen einigermaßen angelernt sein soll. Im geometrischen und Projektionszeichnen kann das ,,Skizzieren", diese schwerste Art des Zeichnens, kaum nebenher erworben werden.

Als **Hauptregel für Maßzeichnen** ist den Schülern einzuschärfen und auf allen Stufen zu wiederholen:

Der nach der Werkzeichnung Arbeitende darf durch die Art des Einschreibens der Maße keinem Irrtum, ja nicht einmal einem Zweifel ausgesetzt sein, sonst wird die Arbeit fehlerhaft bis unbrauchbar; mindestens entsteht Zeitverlust. — Daher ist Maßzeichnen sehr **verantwortungsvoll**.

1. *Etliche allgemeine Regeln* für das Maßeintragen genügen für die Anfänger:

Alle Maße werden im Maschinenbau in Millimetern eingetragen; Benennung Millimeter fällt weg.

Jedes Maß erhält eine besondere Maßlinie, d. i. eine feine Gerade, deren Enden schlanke, freihändig zu machende Pfeilspitzen erhalten, welche peinlich genau bis an die Maßgrenzen reichen (wichtig, wenn eine Pfeilspitze zwischen engen Parallelen stehen muß).

Die Zahl steht in einer Lücke ihrer Linie stets parallel zu deren Richtung und darf nie auf dem Kopfe stehen oder in einer schrägen Linie Neigung dazu haben. — Die Zahlen sind etwa 5 mm groß zwischen Parallelen einzusetzen.

Ein Mittelpunkt darf nicht von einer Zahl verdeckt werden. — Durchmesser (Zeichen ⌀) und Radius sind im Kreise schräg einzulegen; der Radius ist die einzige Maßlinie, die nur eine Pfeilspitze hat, am Rande.

Reihenmaße müssen wirklich in einer geraden Reihe stehen, sind zu addieren und mit dem Gesamtmaße zu vergleichen, das beizufügen ist.

Unschön ist zu nahe Lage der Maßlinie an einer Kante; unschön ist eine Pfeilspitze an oder in einer Ecke[1]).

Gute Musterblätter sind auszuhängen und zum Vergleiche auch schlechte Beispiele.

---

[1]) Weiteres bei K. Keiser: Freies Skizzieren für Maschinenbauer, und für das Fachzeichnen bei C. Volk: Das Maschinenzeichnen des Konstrukteurs. Berlin: Julius Springer.

2. *Zeichnen in verjüngtem Maßstabe.* Für Anfänger genügt 1:10 und 1:5; die Maße sind am gewöhnlichen Maßstocke abzunehmen. — Man lasse einmal dieselbe Sache in 1:1, 1:5 und 1:10 auftragen, um die Frage anzuschließen: Wie verhalten sich die Flächeninhalte? Dies zu wissen ist nötig, um die richtige Größe des Papiers, für große Einzelzeichnungen einer Sache in mancherlei Maßstabe, zu haben. Zugleich soll der Schüler erfahren, daß im Maßzeichnen nur mit den linearen Maßen gearbeitet wird, nie mit Flächen- und Körpermaßen. — Die ganze Sache wird klargemacht an einem Rechtecke 1:1; werden dessen Seiten halbiert, so ist das kleine ähnliche Rechteck 1:2, legt man die Mittellinien ins Ganze, so hat man 4 kleine Rechtecke. Werden die halben Seiten auch halbiert, so entsteht 1:4, aber das Netz ergibt 16 kleine Rechtecke... Ergebnis: Die Flächeninhalte der Maßstäbe verhalten sich wie ihre Quadratzahlen. — Soll also 1:5 auf 1:1 vergrößert werden, so ist $5 \cdot 5$ mal soviel Papier nötig.

3. *Gang des Maßzeichnens.* Der Schüler hat zuerst ganz einfache, rein zweidimensionale Freihandskizzen, die vor seinen Augen an der Tafel bei mündlicher Erläuterung entstehen, abzuskizzieren, d. h. nachzumachen. Seine Reinzeichnung ist die Probe, ob er alle Maße in seiner Skizze hatte. — In den meisten Fällen sind Skizze und Reinzeichnung mit den Mittellinien zu beginnen, auf welche meistens auch die Hauptmaße bezug haben.

Kleine selbständige Aufnahmen als Anwendung des Vorigen folgen (erst in freihändiger Skizze) von Flachgegenständen, die nur eine Ansicht nötig haben. Damit beginnt das Fachzeichnen, für uns zugleich der

Übergang zum Projektionszeichnen, zum Darstellen des ausgesprochen Dreifachausgedehnten. — Stoff: nur Rechtwinkliges und gerader Zylinder. Der Schüler merkt, daß er hier nicht mehr mit einer Ansicht „von vorn" auskommt, wenn er keine Perspektive machen will. — „Das Projizieren geht los." Es hat den Reiz der Neuheit und fordert alle Kraft des Denkens.

II. Das Projektionszeichnen der Unterstufe.

§ 11. **Die Parallelperspektive als der natürliche Vorhof des Rissezeichnens** (§ 3). Beide Arten werden vorerst nebeneinander betrieben, weil in der perspektivischen das räumliche

Die Parallelperspektive als der natürliche Vorhof des Rissezeichnens. 33

Denken sich anschaulich und darum selbständig leicht äußern kann, ehe es in der projektivischen die Steigerung in die abstraktere, noch ungeläufige Form erfährt; auch weil durch dieses Nebeneinander desselben Dinges der Schüler am ehesten einsieht, daß die **Perspektive die Scheinform**, die **Risse aber die Wahrheitsform** des Dinges geben, und weil er durch den Vergleich beider Ausdrucksformen am ehesten das Wesen der Darstellung in Rissen erkennt.

1. *Die verschiedenen Blickrichtungen beim Rissezeichnen und wovon sie abhängen.* Vom Schlusse des geometrischen Zeichnens bringt der Schüler mit, „gerade" auf den Gegenstand zu sehen, und die Einsicht, daß da öfters zwei Bilder nötig sind, z. B. „von vorn" und „von oben". Da er die bestgeeigneten Dinge dazu erhält und es viele gibt, so läßt sich ziemlich lange so wirtschaften. — Wie soll aber der Schüler seine Blickrichtung einstellen, wenn der Gegenstand nicht so bequem ist, oder wenn ein recht einfacher eine schiefe Lage hat, die in der Zeichnung festzulegen ist? Da hilft das bekannte **Dreitafelmodell**, in dessen „Eck" der Körper hineingestellt wird. — Man stelle das „Eck" parallel zur nächsten Zimmerecke auf, damit der Schüler diese als „Projektionsraum" auffassen lernt (Abb. 21a).

Diese 3 Projektionstafeln sind an sich eine Norm wegen ihrer die **3 Raumausdehnungen** der Höhe, Breite und Tiefe bestimmenden und die **3 Raumrichtungen**: links — rechts, vorn — hinten, oben — unten enthaltenden rechtwinkligen Lage zueinander. — **Diese 3 Tafeln sind auch Norm für die Blickrichtungen** auf alle Fälle (§ 17, 2). — Der Gegenstand bestimmt die Richtung nicht! — Dieses Wissen über die Projektionstafeln muß die allgemeine und feste Grundlage für alles Risselesen und -zeichnen werden.

Anmerkung. Zur Norm gehört auch, daß der darzustellende Gegenstand im Tafelmodelle seine Stellung beibehält. — Nun hat der Verf. oft folgendes beobachtet bei älteren Schülern beim Arbeiten mit einfachen Stellungen. Wenn ohne Modell Risse zu bearbeiten oder schon fertig waren, und das Modell sollte nachträglich die in den Rissen festgelegte Lage erhalten — eine einfache Leseprüfung —, so verfuhr der Schüler so: er setzte den Gegenstand richtig auf seinem Brette auf den Gr, legte ihn dann aber um, damit der Blick des Ar-Bild hatte, und er kantete ihn endlich, um das Sr-Bild in die Blickrichtung zu bekommen. So hatte es der Schüler irgendwo gelernt.

Bei diesem Verfahren ändert also der Beschauer seine Blickrichtung nicht; das widerspricht der Lehre der darstellenden Geometrie und ist daher in der Schule zu meiden, sonst weiß sich der Schüler nicht zu helfen, wenn der Gegenstand allgemeine schiefe Lage hat, oder wenn schiefliegende Hilfstafeln nötig werden. Dieses im Kopfe haftende Verfahren stört auch beim Schnittelegen und bei der Bearbeitung abstrakter Formen, denen das Handgreifliche, schlicht Anschauliche abgeht.

Der deutsche Normenausschuß (§ 30, 9) will, daß so verfahren wird, „wie die darstellende Geometrie lehrt", weil deren Verfahren auf keinen Fall versagt.

2. *Schon der Anfänger soll aus der Vorstellung zeichnen lernen* (§ 1, 6, Schluß und § 3, 2), auch wenn er nicht „Zeichner" wird; wie denn jeder Mensch aus dieser heraus schreibt. — **Solcher Anfang ist der leichtere,** denn er stützt sich psychologisch auf eine Uranlage des Menschen (§ 1, 5a), ist also im Unbewußten verankert, wie der Zeichentrieb und -mut jedes Kindes beweist. — Das Abzeichnen der Wirklichkeit in echter Perspektive oder in 2 Rissen ist schwerer, daher fällt seine Vollendung erst in die 2. oder 3. Formalstufe (§ 1, 5b); aber, außer den Fachleuten im Zeichnen, macht es allen Menschen heute noch viel Mühe.

Das **Aufmessen (Aufnehmen) von Modellen** ist mehr Sache des Fachzeichnens; es setzt Beherrschung der Meßzeuge, technische Sachkenntnis, Fertigkeit in der zeichnerischen Darstellung und Vorstellungsvermögen voraus. Das letztere, als vorhandene Anlage, ist zur Exaktheit zu steigern, denn solche fordert die Praxis vom Konstrukteur, Zeichner und Arbeiter.

Die **Schulung dieses Vorstellens** durch Zeichnen beginnt mit Modellieraufgaben in Parallelperspektiven; es gehört zu ihr auch das ruhig auf dem Pulte stehende große Modell für alle, um jeden zu zwingen, sich 3 Blickrichtungen (von vorn, von oben, von der Seite) zusammen für das Projektionszeichnen vorzustellen, also das urgewöhnte „Geradeaussehen" zu erweitern und zu vervollkommnen; es muß zur „zweiten Natur" werden, will der Rissezeichner nicht ein bloßer Strichemacher werden.

3. *Die Grundlage des stofflichen Aufbaues* der Unterstufe bildet die Reihe der einfachen mathematischen Körper: Auf Prisma und Zylinder liegt der Hauptton.

§ 12. Das backsteinförmige Prisma. — Ein Backstein auf dem Pulte in Frontstellung (§ 3, 3). „Viele Dinge haben diese Grundgestalt." — Bei der

geometrischen Betrachtung sieht der Schüler hier sehr gut parallele Ebenen und Kanten, auch ihre rechtwinklige Lage

Das backsteinförmige Prisma.

zueinander im Raume; er klebt noch an der Parallelität auf dem Papiere, verwechselt auch beim Sprechen oft noch Quadrat und Würfel, Kreis und Zylinder usw.

1. *Modellieren* (Umbilden) in Parallelperspektiven (§ 3, 2 und 3) freihändig.

a) Wie ist mit 2 „Schnitten" parallel zu den Seiten ein Viertel auszuschneiden? — Die Schüler zeigen an ihrem Modell (Buch, Kasten) durch Handbewegung in der Regel so, daß ein Hakenstück in der Großfläche entsteht. — Sind noch andere Möglichkeiten, durch 2 solche Schnitte ein Viertel wegzunehmen? (Ja, in jeder der anderen der zweierlei Flächen kann solche Hakenform entstehen.)

An der Tafel entstehen die Skizzen Abb. 9a, b, c mit der Weisung: am Grundkörper ist stets die neue „kennzeichnende" Form zuerst anzugeben, hier also die Hakenform.

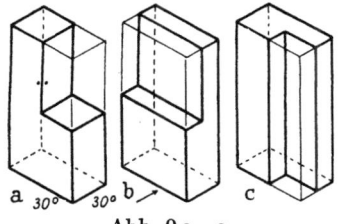
Abb. 9a—c.

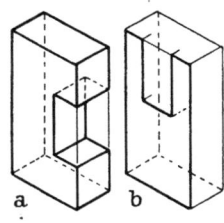
Abb. 10a u. b.

b) Der Lehrer entwirft Abb. 10a und von b nur so viel wie hier; desgleichen 4 weitere Skizzen wie 10b mit der kennzeichnenden Klammerform in den übrigen Seiten. — Die Schüler machen im Buche freihändig die angefangenen Skizzen fertig.

2. *Freihändiges Übersetzen in Risse;* nur der Typ ist zu wahren. — Vorgemachtes Beispiel Abb. 11. — Weisung: Es ist stets mit den Rissen des Grundkörpers zu beginnen und mit dem kennzeichnenden Risse. — Den Unterschied in 2 Linien der Seitenansichten wohl beachten! Was bedeutet er?

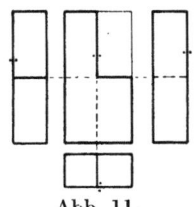
Abb. 11.

Namen der Risse: Grundriß, Aufriß, Seitenriß. — Von den Projektionstafeln erfährt der Schüler noch nichts.

Anordnung der Risse: Gr unter Ar, Sr neben Ar. — Oder genauer:

Norm der Anordnung nach der Bestimmung des „Normenausschusses der deutschen Industrie": „Das von oben Gesehene steht unterm Ar, das von links Gesehene rechts und das von rechts Gesehene links neben Ar." — Vorn ist im Gr und Sr stets wegwärts vom Ar, worauf durchaus zu achten ist.

Der Schüler hat diese Ordnung zunächst gewohnheitsmäßig einzuhalten. Gute Probe darauf ist Abb. 9c, auch in bezug auf Verdecktes bei Annahme beider Sr.

Leseübung als erster Versuch. — Wo stecken einzelne Kanten und Flächen z. B. der Perspektive 9a in Abb. 11? — Nicht zu weit treiben, denn die Schüler lechzen nach den Reinzeichnungen[1]). Exakte Perspektive (echte Isometrie) macht den Schülern Vergnügen. Kantenlängen mindestens 15:30:60 mm — 3—4 Stück aus den 9 Skizzen nach freier Wahl. Genaues Übertragen der Maße in die Risse nach dem Schema Abb. 12a und b.

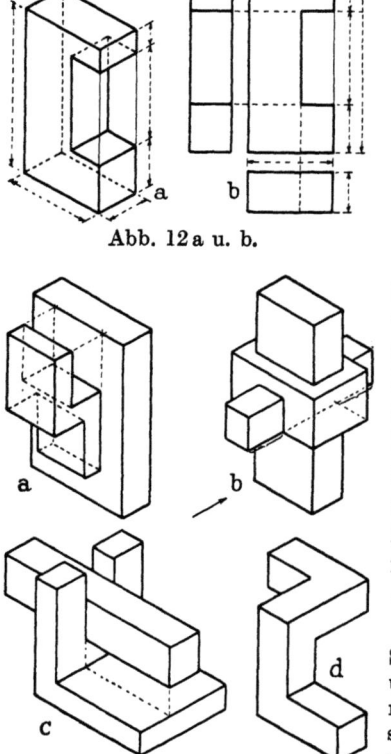

Abb. 12a u. b.

§ 13. Zusammensetzungen und schwierigere Formen; Abwicklung. — Abb. 13a—d bietet dergleichen Rechtwinkliges; der Schüler kann sofort freihändig die Risse danach skizzieren; der Pfeil gibt die Blickrichtung nach dem Ar zu an. — a und b geben nur einerlei Sr; bei c und d mag Rotte 1 den linken, Rotte 2 den rechten Sr machen.

Abb. 13a—d.

---

[1]) Von jetzt an muß der Schüler für die Reinzeichnungen, um ihre Lesbarkeit zu erhöhen, mit dreierlei Strichstärken arbeiten: sichtbare Kanten stark voll, verdeckte halbstark gestrichelt, alles andere fein.

Vorkommen (Entwickeln) „einfach geneigter" ebener Flächen. 37

Abb. 13d, in der Perspektive so leicht zu lesen, ist doch am schwersten, da die 3 Risse eine verwirrende Ähnlichkeit zeigen. — Nur nach Rissen finden sich sogar Werkleute nicht in solche Formen hinein, erhalten daher eine Perspektive als Zugabe[1]).

Abwickeln der Oberfläche des Backsteins. — Das Verfahren hat mit dem bisherigen Arbeiten noch nichts gemein, ist aber ein neues Mittel, das räumliche Denken und dessen Beweglichkeit zu bilden. — Verfahren: Abwickeln eines darumgeschlagenen Papiers ... und Aufreißen der 6 Flächen. Oder: Abrollen des Körpers mit den Langflächen an der Tafel vor den Augen der Schüler usw.

§ 14. Suchen des fehlenden Risses aus 2 gegebenen und **Übersetzen in Perspektiven.** — Nur rechtwinklige Beispiele, Abb. 14a—d. — Erste Probe auf das räumliche Denken in Rissen und Selbstprüfung der Richtigkeit durch die Iso-

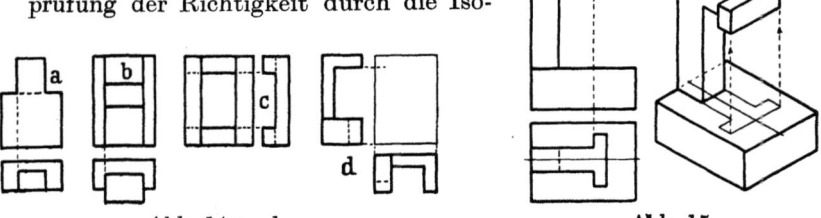

Abb. 14a—d.   Abb. 15.

metrie. — Bei den gegebenen Rissen soll der kennzeichnende dabei sein. Ist der Gr schon dabei, so wird er am besten sofort in exakte Perspektive übersetzt — der andere Riß liefert die Höhen dazu — und danach ist der fehlende Riß leicht zu finden. — Abb. 15 ein Beispiel. — Abb. 14d etwas Ähnliches wie Abb. 13d.

§ 15. Vorkommen (Entwickeln) „einfach geneigter" ebener Flächen. — Geläufigster Fall ist für den Schüler das einfache Giebeldach. — Welches ist der kennzeichnende Riß?

Entstehen des Modells durch Beschneiden (gleichschenklig) des Backsteins, in Wirklichkeit oder Perspektive (Abb. 22a).

Feststellung: Die gerade Ansicht, der Ar, zeigt „wahre Gestalt und Größe" (wGr); die Dachflächen erscheinen im Gr und Sr „verkürzt". — Welche geometrische Form haben die Dachflächen? Wo stecken deren wahre Seiten in den Rissen?

---

[1]) Werkstatttechnik 1912, S. 37.

„Fase" heißt solche geneigte Fläche, wenn sie entlang einer Kante nur wenig Stoff wegnimmt (z. B. Abb. 27 die kurzen Schrägen). — Anders benutzte so kleine Flächen an der Einschiebleiste des Reißbrettes, die Schüler nennen den Federkastendeckel, die Schublehre; der „Schwalbenschwanz"verband z. B. an Bett und Schlitten der Drehbank.

Leseaufgaben an der Tafel mit Hilfe der 3 Risse des Backsteins und des gleichstehenden Modells auf dem Pulte, liegend, die Großfläche nach vorn.

1. Die 2 oberen Längskanten sind abzufasen; oder die 2 usw. (2 an einer Ecke zusammenstoßende Kanten gehören noch nicht her.)

2. Von oben herein eine große Kerbe schneiden (umgekehrten Giebel), oder usw.

Die Schüler haben dem Lehrer anzugeben, welche Linien er in den Rissen neu eintragen soll...

3. An der Tafel steht ein Quadrat auf der Seite, darunter als Gr ein Rechteck. — Was ist das? (Vierkant, Quadrateisen.) Es ist ein regelmäßiger Achtkant daraus zu machen durch 4 Fasen.

4. Der Lehrer klappt ein Buch so |_ auf („Winkelprisma") und stellt ein Dreieck hinein als „Rippe" (ist mit dem Winkel abschließend zu denken). „Ein Gußstück." — Die 3 Risse skizzieren, wenn der kennzeichnende |_-Riß als Gr, Ar oder Sr steht. — Wird eine der Winkelplatten giebelartig beschnitten, so ist, mit der Rippe, eine Art Konsole entstanden.

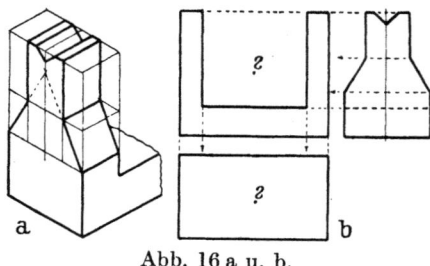

Abb. 16 a u. b.

Natürlich können alle diese Motive auch als Reinzeichnungen dienen.

Schwierigere Fälle, unbedingt zu zeichnen:

Abb. 16a wird an der Tafel vorentwickelt; nach rechts hinten ist noch so ein hochstehender Teil zu denken. Abb. 16b sind die Risse (Motiv: Lagerbock). Sr ist fertig, Ar und Gr sind fertigzumachen. Abb. 17, der linke oder der rechte Sr, mit dem, was verdeckt ist, ist zu suchen. Abb. 18, Rotte 1, stellt den Gr unter den linken, Rotte 2 unter den rechten Riß.

Das Giebeldach in Front war „Formel" (§ 4, zu b) für die eben behandelten, so sehr verschiedenen Formen; daher kam höchstens die einfach geneigte ebene Fläche vor, d. h. eine solche zeigt sich in einem Risse als schiefe Gerade.

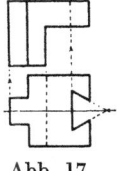
Abb. 17.

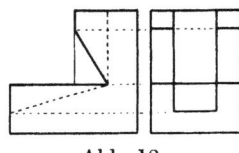
Abb. 18.

§ 16. Schnitte durch Hohlkörper. — Der Schüler soll jetzt Schnitte in neuer Form und Bedeutung kennenlernen.

Mancher Gegenstand läßt von außen kaum erkennen, wie sein Inneres gestaltet ist. Bei einem einfachen genügt gestricheltes Ausziehen des Verdeckten, bei einem anderen muß der Blick ins Innere freigelegt werden durch Aufschneiden oder durch einen Ausschnitt. (Schnitte durch Häuser, Maschinen, Möbel; auch durch Einzelteile derselben wie Türen, Fenster, Ventilgehäuse u. a. in besonderen Zeichnungen.) — Der gedachte Schnitt durch die Masse ist stets, meistens durch Schraffierung, kenntlich zu machen (Abb. 19, 20, 27).

Beispiele. — Quadratisches Hohlprisma, mit gleich dicker Wandung, in Frontstellung. Ein Rahmen ist kennzeichnender Riß, der andere Riß zeigt die „Ansicht" mit eingestrichelter Wandstärke oder in denselben Maßen einen Längsschnitt mit voll ausgezogenen und in einerlei Richtung schraffierten Wandstärken (wie Abb. 27); bei symmetrischen Formen stehen auch beide Arten in einem Risse nebeneinander (Abb. 43a und b).

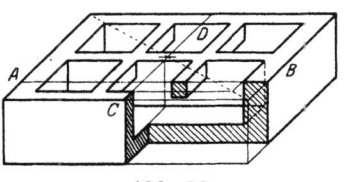
Abb. 19.

Abb. 19, Kavalierperspektive eines quadratischen Kastens. „Woran erkennt man, daß die Querwand bis auf den Boden reicht?" (Rechts, am Zusammenstoße der 3 verdeckten Kanten.) — Zu suchen: Gr als Aufsicht (ohne den Ausschnitt), Ar als Vollschnitt AB oder, wie hier, halb Schnitt, halb Ansicht, letztere mit dem Verdeckten gestrichelt. Die gemeinsame durchgehende Mittellinie für Gr und Ar ist fein zu zeichnen, da hier keine Fuge zu zeichnen ist. — Sr als Schnitt CD.

40 Ausführungen.

Abb. 20, quadratischer Gr, gleiche Wandstärken, 2 teiliger Körper, links und rechts völlig gleich. — Gesucht: voller Gr als Aufsicht, Ar in Richtung des Pfeiles als halbe Ansicht und halben Schnitt, Sr ebenso. — Alles Verdeckte angeben, die Fuge im Gr und Ar stark und im Sr nicht schraffieren.

Gutes Hohlmotiv die quadratische Ankerplatte.

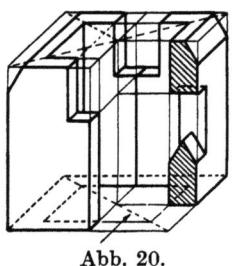

Abb. 20.

Bei Kavalierperspektive — sie genügt für ebenflächige Formen — sind die Maße von vorn nach hinten auf die Hälfte zu verkürzen.

§ 17. Die 3 Projektions-, Haupt- oder Grundtafeln (§ 11, 1), Abb. 21a.

Die üblichen Benennungen. Die Tafeln bilden ein rechtwinkliges „Eck" in Form eines halben Würfels. Sie heißen I., II. und III. Tafel (römische Ziffern). Immer wagerecht ist I für den Gr; II bedeutet den Ar; III den Sr.

Die „Achsen": x, y, z (die 3 letzten kleinen lateinischen Buchstaben); x = Breitenachse, y = Tiefenachse, z = Höhenachse. — x stets zwischen I und II, y stets zwischen I und III, z zwischen II und III, auch wenn III rechts vom Beschauer liegt. — Nur diese Art der 3 Buchstaben und Ziffern ist in aller Welt üblich.

1. *Der Projektionsvorgang*, Abb. 21a, im Projektionsraume.

Der Blick (Projektionsstrahl, Projizierende) ist für jeden Punkt P des Gegenstandes senkrecht „gegen" jede einzelne Tafel gerichtet, weil der Gegenstand stets zwischen Auge und Tafel zu denken ist. — Die Projizierenden jeder Tafel sind also parallel unter sich, weil parallel je einer Achse.

Dieser Satz ist die Grundlage des nur gedachten Sehvorganges und gilt auch für jede neue hinzukommende Hilfstafel, die nicht parallel zu einer der 3 Tafeln ist.

2. *Wie ergibt sich die Anordnung der Risse (§ 12, 2)?* Wir denken uns das Tafelmodell entlang y — das Üblichste bei Anfängern — aufgeschnitten, I nach unten und III nach der Seite geklappt, bis alle 3 in einer gemeinsamen (der Zeichen-)Ebene liegen. Da der Blick „gegen" I und III gerichtet war, so steht also das von rechts Gesehene links von II (andernfalls

das von links Gesehene rechts von II), das von oben Gesehene unter II. (Vormachen mit Modell [s. S. 36 oben].)

Aus Abb. 21a entsteht dann Abb. 21b: der räumliche (perspektive) Eindruck ist weg, statt der 3 wirklichen Achsen ist das „Achsenkreuz" da, und nur die Bilder, Risse oder Projektionen P', P'', P''' des Gegenstandes sind noch vorhanden. Die Verbindungsgerade zwischen zwei Projektionen P', P'' heißt jetzt „Projizierende". Sie ist stets senkrecht zu einer Achse; das ist das Kennzeichen der geraden Parallelprojektion oder kurz nur „Projektion". (Die schiefe Parallelprojektion dient vornehmlich der Schlagschattenkonstruktion; die Strahlen sind schräg zu jeder Tafel.)

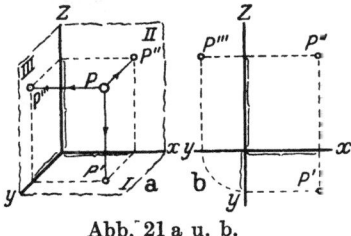

Abb. 21 a u. b.

Merkmal, sobald die Achsen benutzt werden: die Projizierenden eines Punktes bilden mit dem Viertelkreise stets eine geschlossene Figur.

Im praktischen Zeichnen läßt man die Achsen weg. Schon im Projektionszeichnen sind die Schüler daran zu gewöhnen.

§ 18. Die Schrägansicht. Abb. 22a, b ist grundlegender Fall, unser Dachmodell sehr brauchbar dazu. Es steht auf dem Pulte im Projektionseck. — „Drehen" des Modells im Eck um eine lotrechte Achse ergibt „Schrägansicht" gegen II und III.

Welches ist der Ansatz der neuen Zeichnung? Immer das schon Bekannte, wie im Rechnen. — Bekannt ist Gr (Abb. 22a), er hat nur neue Lage (Abb. 22b) und liefert die neuen Breiten und Tiefen für Ar und Sr. Unverändert blieben die Höhen, das sind die Abstände der First- und Traufkanten von I; sie stehen im alten Ar.

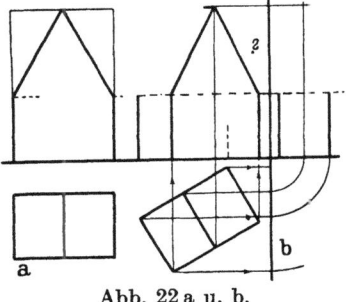

Abb. 22 a u. b.

Der Schüler sieht jetzt eine Anwendung von Abb. 21b in der Abb. 22b. Er hat die Risse fertigzumachen, beginne aber (wie hier) in jedem Risse mit derjenigen Giebelfläche, welche voll sichtbar ist. — Verdeckte Kanten sind anzugeben; **parallele Schrägen sind parallel abzuschieben — überhaupt.** 3 Anwendungen, sofort anzuschließen.

Abb. 23, Sechskant mit Quadrat und quadratischem Prisma. — Die Aufgabe ist Verdoppelung des Giebeldreiecks von vorhin, d. h. das Quadrat entspricht Ar in Abb. 22a; seine Breiten im Gr werden in die geneigten Sechseckseiten gesetzt usw. — Rechts die 3 unsichtbaren Kanten mitzeichnen.

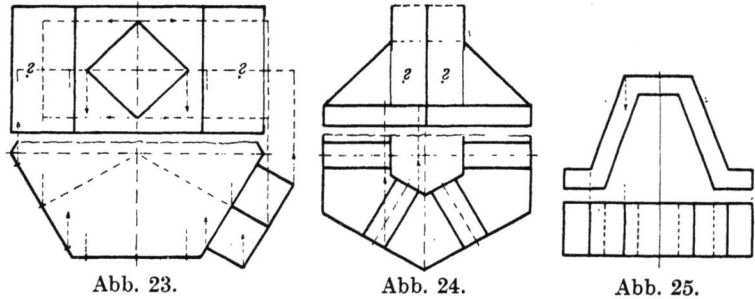

Abb. 23.   Abb. 24.   Abb. 25.

Abb. 24, Sockel; sechseckige Grundplatte mit ebensolchem Prisma, zwischen beiden Rippen, deren wahre Form links und rechts im Ar steht. Der Gr vereint wieder (in den Rippen) beide Gr der Abb. 22a und b, aber es ist nur das halbe Dach da.

Abb. 25, Bügel, entspricht Abb. 22a; es ist eine Schrägansicht im Sinne der Abb. 22b zu entwickeln. Bei dieser zuerst **nur die Eckpunkte der Vorderfläche** hinauffloten, sonst entsteht Verwirrung.

Die andere Rotte legt in Abb. 22b den Gr anders, nimmt in Abb. 23 statt des Quadrats ein regelmäßiges Achteck auf der Seite, schneidet in Abb. 24 oben von den Rippen ein Stückchen ab, kehrt in Abb. 25 des Bügels Öffnung nach oben. — Modell für Abb. 25 ein Pappstreifen.

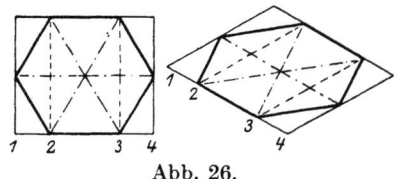

Abb. 26.

Abb. 26, exakte Übersetzung des regelmäßigen Sechsecks in (echte) Isometrie mittels rechtwinkligen Netzes. — Gleich lange lotrechte Kanten in der Isometrie aufsetzen und oben schließen ...

Erkenntnis, besonders aus den Schrägen der Abb. 22—26: *Parallele Geraden in der Wirklichkeit bleiben in jedem Bilde Parallelen, oder sie decken sich.* — Fast in jeder Rißzeichnung kann dieser Satz dem Anfänger zur Prüfung der Genauigkeit dienen.

§ 19. Die gerade regelmäßige Pyramide. Am häufigsten praktisch benutzt die quadratische, dann die achteckige. — Oft Grundform von Turmhelmen; Teile davon als Trichter, Rauchschirm; häufig „Übergangsform" von einem starken in ein schwächeres Prisma.

Die quadratische Pyramide. — Geometrische Betrachtung von Modell und Kavalierperspektive; Ergebnis: zentrale, rhythmische, vierfach symmetrische Anordnung um die Höhe als Achse. — Körperhöhe und Dreieckhöhe: welche ist stets die kleinere? — Was für eine Dreieckform gibt jeder lotrechte Mittelschnitt? ...

Die Risse in Frontansicht. — Wie sieht der Gr aus? (Bei der mündlichen Antwort die Diagonalen nicht vergessen!) Wie der Ar? — Alle 4 Schrägkanten haben „allgemein schräge" Lage (zu den Projektionstafeln), und stets erscheint solche in den 3 Rissen schief, auch verkürzt.

Stellung übereck, d. h. wir „drehen" (wie in Abb. 22) die Pyramide bis zur 45°-Lage des Gr; Ar machen. — Denken wir uns jeden der 2 Ar als lotrechten Mittelschnitt — wie würden sie im Gr aussehen? — und den ersten auch parallel zu II, wie der zweite es sein muß, so sehen wir die

„Neigungswinkel", 1. einer einfach geneigten Ebene (Dreieck), die als Gerade erscheint, 2. einer Geraden (Schrägkante) je mit einer wagerechten Ebene.

Mantelabwicklung. — Abrollen des Modells an der Tafel: eine fächerartige Figur (das Übliche). — Wo stecken die Maße dazu in den Rissen? Die Außenlinien sind gleich den Quadratseiten q des Gr; sie liegen in I, zeigen also wahre Länge (wL). Die nach der Mantelspitze laufenden Geraden, die Schrägkanten s, alle gleich lang, haben ihre wL im zweiten Ar, weil dieser als Schnitt parallel zu II gedacht war. — Also: Kreisbogen mit Radius s usw.

Der Pyramidenstumpf entsteht, wenn durch Schnitt parallel zur Grundfläche der untere Teil der Pyramide für sich benutzt wird. — Dieser Schnitt ist stets ähnlich der Grundfläche.

Der Stumpf als Übergangskörper in Gestalt einer Fase zwischen 2 Prismen. — Rotte 1 das starke Prisma unten,

Rotte 2 oben. Aber beide Gr unten! Auffassung des Ganzen als Vollkörper oder als Blechtrichter.

Abb. 27 ein Rahmen, wagerechter Mittelschnitt als Gr; ein Stumpf (Fase) als Übergang zu einem Hohlprisma; hinten ein „Falz". — Den vollständigen Ar machen.

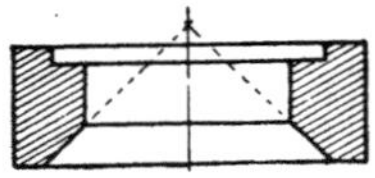

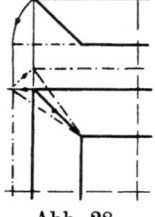

Abb. 27.

Die Risse des eben genannten Vollkörpers und die dieses Rahmens nebeneinander sind für die Schüler sehr lehrreich: Der Vollkörper und der Hohlraum sind geometrisch einander gleich in bezug auf die Fase und das eine Prisma — aber technisch sehr verschieden, so daß deswegen der Schüler die nahe Verwandtschaft übersieht. — Hinweis auf „Modell und Gußform", die geometrisch dasselbe Denken, technisch aber das „umgekehrte" Denken mitfordern.

Abb. 28, der Stumpf als eine Art Schale aus Blech; Boden und Seiten aus einem Stück. — Die Zeichnung ist durch ein papiernes Mantelmodell vorzubereiten. — Hier das Viertel vom Ganzen (es kann im Gr auch rechteckig sein) zeigt das Entstehen solchen Mantels im Gr durch Umklappen der Seite im Ar.

Abb. 28.

§ 20 A. **Der gerade Kreiszylinder,** der technisch wichtigste „Umdrehungskörper".

Fragen über technisches Vorkommen und die dabei benutzten Rohstoffe. Die Schüler bleiben in der Regel an den vollrunden Beispielen kleben: „Walze, Röhre." Teile vom Zylinder, voll und hohl an Bauteilen von Häusern, Möbeln, Gerät. — Der Maschinenbau braucht Voll- und Hohlzylinder, in ganzer und teilweiser Rundung, die durch Drehen, Bohren, Fräsen, Biegen, Gießen, Walzen usw. hergerichtet werden.

1. *Geometrische Betrachtung.* — Zwei einander parallele Kreise als „Querschnitt", stets senkrecht zur Längsrichtung; wie bei jedem „stabförmigen" Körper, z. B. auch Schienen; die Achse, der Mantel.

„Wenn man ein Rechteck um eine seiner Seiten als Achse dreht, so erzeugt die Gegenseite den Mantel." Daher heißen alle im Mantel möglichen Geraden (stets parallel zur Achse) „Erzeugende" (Ez) oder Mantellinien. — Welche Gestalt hat jeder Schnitt, der längs durch den Zylinder geführt wird?

Der gerade Kreiszylinder.

2. Welche Lage im Raume, oder in den Rissen, ein Zylinder auch hat, stets zeigt er seine volle Stärke (das Prisma nicht).

3. Die 2 Hauptrisse, wenn die Achse senkrecht zu einer Tafel, sind Kreis und Rechteck. Diese starke Verschiedenheit mutet den Neuling sonderbar an, weil die Erinnerungsbilder dafür fehlen.

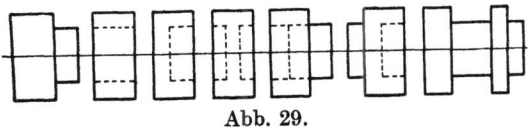

Abb. 29.

Abb. 29, sieben verschiedene Ar oder Sr, sind jetzt am Platze, um die Wichtigkeit des „kennzeichnenden" Risses einzuprägen. Dieser Riß, links stehend zu denken, würde für alle 7 gleich sein können, aber außer 2 konzentrischen Kreisen kämen auch Quadrat und Rechteck mit scharfen oder rundlichen Ecken in Frage, Ellipsen usw.

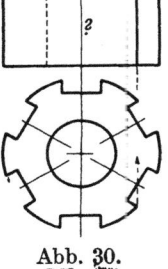

4. Übungen. Abb. 30, Motiv: Mutter oder Sperrad, halbieren der Zwölfteilung; Sr suchen.

Abb. 31, Schnitte parallel und senkrecht zur Zylinderachse. — Abb. 31a und a' soll dem Schüler die genaue Durchführung eines solchen Beispiels mit Benutzung der Projektionsachsen zeigen; Gr und Ar sind der Ansatz. — Der Ar wurde nicht auf x gestellt, damit dort der Umriß auch deutlich sei. — Schlitz und

Abb. 30.

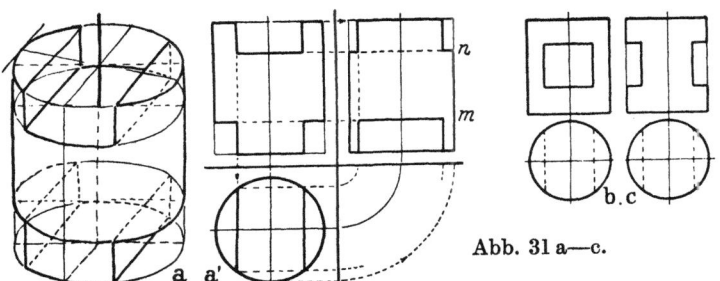

Abb. 31 a—c.

Zapfen am Zylinder können sich auch kreuzen; oder oben und unten Schlitz usw.

Abb. 31b und c zeigen absichtlich gleiche Gr; aber der Ar von b sagt: „ein Loch", der von c: „seitliche Ausschnitte". — Der zu suchenden Sr wegen sind beide Aufgaben, auch die angedeuteten Änderungen von a, „Leimruten". In den Höhenlagen m und n wird in der Regel der Fehler gemacht ... Man nehme a, b, c nebeneinander, der lehrreichen Vergleiche der Risse halber.

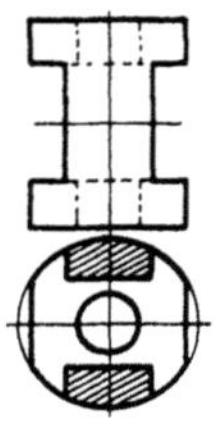

Abb. 32, Motiv: Spannschloß; in der Bohrung oben und unten sind entgegengesetzte Gewinde zu denken.

Wird ohne Projektionsachsen gearbeitet, so ist die wagerechte Mittellinie des Gr und die senkrechte des Sr Grundlinie für die Tiefenmaße.

Abb. 32.

Vorstellungsübung, an der Tafel, mit den 3 · 3-Rissen der Abb. 31; doch sind nur Schnittlagen wie bisher gestattet.

a) Welche Änderung tritt in der vorderen Hälfte der Modelle und der Gr und Sr ein, wenn im Ar in den Höhen m und n die Wagerechten stark durch die ganze Breite des Ar laufen?

b) Was wird, wenn die alten Wagerechten bleiben, aber in den Ar werden die Senkrechten durchgezogen?

5. *Übungen mit Hohlformen.* — Grundform die Röhre, Abb. 29 links zweiter Riß; werden die 2 gestrichelten stark voll gezogen und die kleinen Rechtecke in einerlei Richtung schraffiert, so bedeutet das einen gedachten Mittelschnitt.

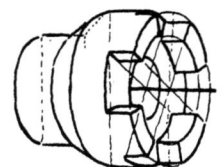

Abb. 33, Motiv: Kuppelung, Lücken und Zähne gleich groß; der Kegelstumpf und der dünnere Zylinder können in den Rissen wegbleiben. Körperachse senkrecht zu II.

Abb. 33.

Der Ar als Ansatz ist so zu stellen, daß die senkrechte Mittellinie auf Zahn- oder Lückenmitte trifft. — Rotte 1 zeichnet den Gr als Aufsicht, Rotte 2 als wagerechten Mittelschnitt.

Einfacher: Zahn und Lücke erhalten je ein Viertel des Umfangs.

Abb. 34. Zu Abb. b, einer Art Rohrschelle, ist a der Grundkörper. Dessen Holzmodell ist ein Vollzylinder von gleicher Höhe und Dicke; seine zwei Hälften sind drehbar um einen Dübel. Der Schüler soll daran sehen den Übergang eines Kreisbogens

Der gerade geneigte Zylinder als Träger des einfach geneigten Kreises. 47

der wagerechten Ebene in einen solchen der senkrechten Ebene; Abb. 34a, Sr suchen.

Man lasse die Schüler die eigentümliche Kurve dieser Kreisbögen in der Luft mit der Hand beschreiben. Denken sie sich nun diesen Linienzug als einen Körper mit quadratischem Querschnitt, so kommen sie auf Abb. 34b, bei der aber nur die Hälfte des ganzen Zuges benutzt ist. Sr links oder rechts suchen.

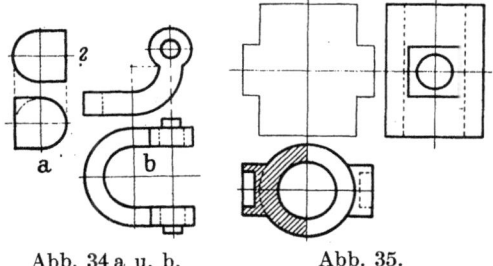

Abb. 34a u. b.   Abb. 35.

Abb. 35, einfachste Form einer Durchdringung; an ein Querhaupt erinnernd. Zu suchen im Ar in der rechten oder linken Hälfte der senkrechte Mittelschnitt, in der anderen die Ansicht.

§ 20 B. **Der gerade geneigte Zylinder als Träger des einfach geneigten Kreises.**

In welcher Gestalt kann ein Kreis (Pappscheibe, Reifen) dem Auge erscheinen? Als Kreis, Ellipse und Gerade (vormachen).

In Abb. 22 lernten die Schüler die „Drehung" kennen, deren Ergebnis in I sichtbar wird; alle Abstände der Körperpunkte von I bleiben unverändert, daher bleiben beide Gr formgleich. — Jetzt wird dasselbe in bezug auf II gemacht, hier aber „Kippen" genannt ... also sind die Ar Abb. 36a und b formgleich (vormachen mit Zylindermodell).

Wie wird der Gr von Abb. 36b ermittelt? Man teilt in den alten

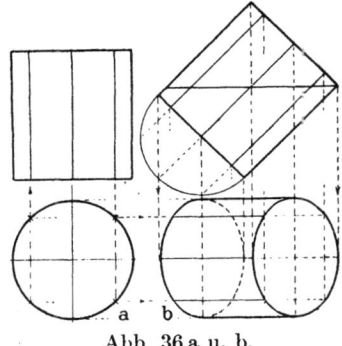

Abb. 36a u. b.

Rissen Erzeugende ein als gedachte Prismenkanten (in der Regel eine Anzahl, die durch 4 teilbar ist). Das übrige sagen die Richtungspfeile der Zeichnung, die exakt vorzuführen ist. — Der Schüler hat die Ellipsen formgenau und sauber freihändig in Blei auszuführen, dann erst gegebenenfalls am Kurvenlineal mit Tusche auszuziehen.

Erkenntnis: Die **Großachse** dieser Ellipse ist gleich dem Durchmesser des Zylinders.

§ 20 C. Der Schrägschnitt durch den Zylinder; Mantelabwicklung. — Bekanntes Vorkommen am Blechrohrknie. — Hält man ein Blechrohr schief ins Wasser, so zeichnet sich die Wasserebene daran ab, wie etwa die wagerechte Gerade im Ar Abb. 36 b. Lotet man deren Schnitte mit den Ez herab in die entsprechenden Ez des Gr, so entsteht hier die **Schnittellipse** in wGr.

Erkenntnis: Die **Kleinachse** dieser Ellipse ist gleich dem Dm des Zylinders.

Abb. 37a; die Schnittellipse im Sr suchen. Der Lehrer braucht den Sr gar nicht soweit auszuführen wie hier; auch genügt freihändige Skizze.

Beim rechtwinkligen Knie in dieser ⌐-Stellung erscheint die Ellipse im Gr und Sr als Kreis. Warum?

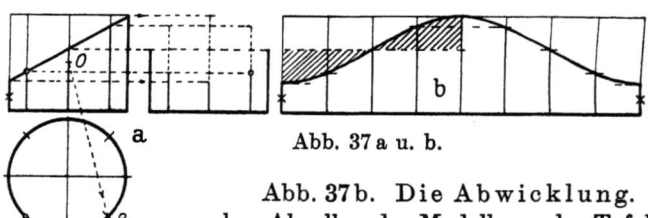

Abb. 37 a u. b.

Abb. 37 b. **Die Abwicklung.** Vorher Abrollen des Modells an der Tafel, um zu zeigen, daß sich der **Kreis als Querschnitt geradlinig abwickelt**; senkrecht darauf stehen die Ez. — Die Mantellänge wird entweder berechnet ($= 2 r \pi$) und diese in so viele gleiche Teile zerlegt, wie der Kreis auch hat, oder für ein Teilstück des Kreises wird nach der Konstruktion in Abb. 37 a die wL bestimmt; also Bogen $AB = AT$, dabei ist $AO = 3r$ zu nehmen. — AB nicht größer als $1/6$ Umfang nehmen.

Die abgewickelte Kurve zeigt stets eine gefällige doppelte *S*-Biegung, die der Schüler erst sorgsam in Blei freihändig zu machen hat, ehe die Tuscheausführung am Kurvenlineal erfolgt. Die Kurve berührt die Wagerechten an der höchsten und tiefsten Stelle. — Rotte 2 spaltet den Mantel an der längsten Ez.

Aufgaben; zwei Schiefschnitte: 1. parallele Schnittführung, 2. keilförmige, 3. der eine Schnitt steht in II und der andere in III

Ellipsenkonstruktion.

als Gerade. — Der Mantel ist auf jeden Fall vom geradegestreckten Kreisquerschnitte aus zu entwickeln.

Wahre Größe der einfach geneigten Schnittellipse. Abb. 38a, Motiv: Drosselklappe. — Strecke AB mit ihren Teilen ist gleich $A''B''$ mit ihren Teilen; das Weitere sagt die Abbildung.

§ 20 D. Ellipsenkonstruktion bei gegebenen Achsen als natürlicher Anschluß an Vorstehendes. — 1. Man denke sich in einem Kreise einen Durchmesser $= d$ und senkrecht zu diesem einen zweiten d' nebst einigen parallelen Sehnen zu letzterem. Stellt man sich nun vor, der Kreis werde in der Richtung d in die Länge,

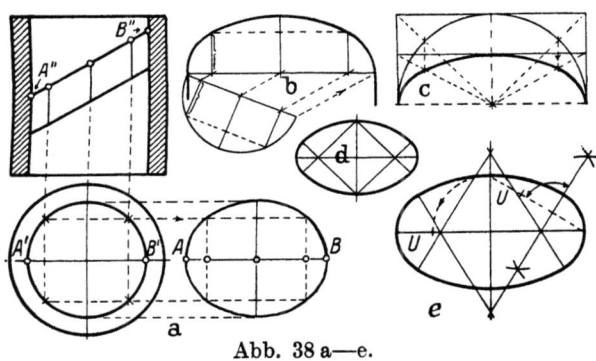

Abb. 38 a—e.

also zur Ellipse, gedehnt, so werden sich die Sehnenabstände verhältnismäßig mitdehnen, während alle a'-Linien ihre alte Höhe behalten. Wie das gezeichnet werden kann, zeigt Abb. 38b, wobei der Halbkreis den Radius gleich der Kleinachse erhalten muß. — Durch Zusammendrücken ist auf die gleiche Weise die hohe Ellipse zu konstruieren (sog. Vergatterungsverfahren).

2. Man stelle sich einen Kreis vor, berührend in einem Quadrate, mit dessen Diagonalen, in Frontansicht. Dreht man das Ganze um den wagerechten Durchmesser, so rückt das Quadrat scheinbar zum Rechteck zusammen usw. Dieser Bewegungsvorgang ist zu zeichnen (Abb. 38c).

3. *Die Korblinie* aus 4 Zirkelbogen (Genauigkeitsübung), Abb. 38d ist nur die Kleinachse gegeben; nur Viertelkreise.

Abb. 38e sind beide Achsen gegeben. — Der Unterschied U beider halben Achsen wird von dem Ende der kleinen Achse aus auf die Schräge abgesetzt usw. Da die durch die Kreuzbogen

Keiser. Geometrie.

bestimmte Schräge Zentrale ist, so muß auf ihr der Übergang zweier Bogen liegen.

§ 21. Der gerade Kreiskegel. Bekanntestes Vorkommen für den Schüler an Trichter, Gießkannendülle, Gefäßen; als Übergangskörper zwischen zwei Zylindern oder zwischen Zylinder und (meistens) Vierkant, das häufig in einer „Gabel" endet.

Geometrische Betrachtung. „Wenn man ein rechtwinkliges Dreieck um eine Kathete als Achse dreht, so ‚erzeugt' die Hypotenuse den Mantel, die andere Kathete den Grundkreis." — Die Ez sind die einzigen möglichen Geraden im Mantel. Sie vereinigen sich in der Spitze und sind alle gleich lang. — Jeder Schnitt senkrecht zur Achse ist ein Kreis; aber jeder hat eigene Größe. Daher heißen sie hier auch nicht Querschnitt wie beim Zylinder. Die Risse des Vollkegels: Kreis und gleichschenkliges Dreieck, dessen Schenkel die „Seiten" des Kegels heißen.

Der Mantel. Das Abrollen des Modells zeigt an der Tafel einen Kreisbogen vom Radius gleich der Kegelseite. Länge des Kreisbogens gleich dem Umfang des Grundkreises, dessen mindestens 8 oder 12 Teile auf jenen Bogen abzusetzen sind.

Der Kegelstumpf ist häufig Übergang zwischen zwei Zylindern und ist oft genug nur „Fase". — Den Mantel erhält man, wenn vom Vollmantel der Spitzenmantel abgezogen wird.

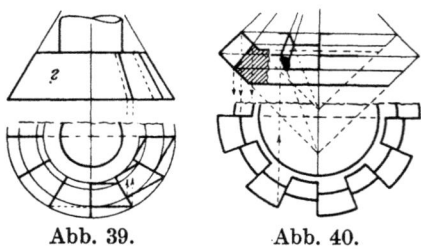

Abb. 39.   Abb. 40.

Aufgabe. Abb. 27 soll der Mittelschnitt eines Ringes sein. Wie sieht der andere volle Riß aus?

Abb. 39, Motiv: Fräser. — Ansatz: die Risse des Stumpfes. Dann mit dem 60°-Dreieck im Kreise die Zähne einteilen usw.

Abb. 40, Motiv: Zahnrad. — 4 Kegelflächen; die 2 oberen mit gemeinsamer Spitze, die unteren — ein Voll- und ein Hohlkegel — mit parallelen Seiten.

Gang der Arbeit: der äußere Doppelkegel ein Quadrat; der Doppelstumpf, der untere Teil etwas höher als der obere; die Seiten des Hohlkegels; links oder rechts einen Zahn abgrenzen („die Zahnflanke") usw. — Der fertige Ar zeigt nur Zähne, keine Schraffur.

Die „Kegelschnitte", Ellipse, Parabel, Hyperbel sind der Oberstufe zugewiesen. Doch kann hier gegeben werden die
Sechskantmutter mit kegeliger Eckbrechung
(Abb. 41). — Ansatz: ein Sechskant in Gr und Ar.
Dann den berührenden Kreis. Durch Punkt A'' desselben die Kegelseite unter $30°$; der Schnitt derselben mit der senkrechten Kante gibt die Lage des
Grundkreises vom Kegel (gestrichelt). Die Bogen
werden als Zirkelschläge ausgeführt. — Sr suchen.

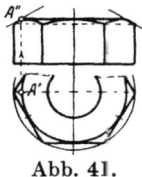

Abb. 41.

§ 22. Die Kugel. Technische Verwendung des Ganzkörpers beim Kugellager und Kugelventil (Kugel als Verschluß), als „Schwimmer"; von Teilen als Kuppel, Kessel, Boden von Wasserbehältern, Nietköpfe, beim Kugelgelenk, an Armaturen, als Übergangskörper usw.

Geometrische Betrachtung am besten am Globus mit lotrechter Umdrehungsachse. — Der Halbkreis ist Ez; er lehrt, daß alle Oberflächenpunkte gleich weit vom Mittelpunkt sind. — Jeder ebene Schnitt durch die Kugel ist ein Kreis. — Die Breitenkreise erscheinen im Gr als Kreise (konzentrische), im Ar als wagerechte Geraden; ist die Kugelachse senkrecht zu II, dann ist's umgekehrt. (Diese Kreise kommen ungemein oft vor als formbestimmende oder als Hilfen!) Die Meridiane sind Axialschnitte, erscheinen im Gr als Durchmesser; in welchen dreierlei Formen im Ar?

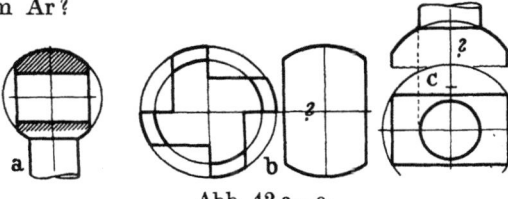

Abb. 42 a—c.

Aufgaben. Abb. 42a, Stangenkopf mit Bohrung. Gr und Sr suchen mit dem was verdeckt ist.

Abb. 42b, Motiv: Fräser; den Riß fertigmachen mit den verdeckten Linien.

Abb. 42c, Kugelstück als Übergang zwischen Zylinder und Vierkant. (Ar bis unter den Kugelmittelpunkt fortsetzen.)

Hohlkugelmotive. — Die Halbkugel als Grundkörper. Kugeliger Bügel und schlitzartiger Ausschnitt als einfache Beispiele. (Zu beachten die innere und die äußere Kugelfläche!)

Abb. 43a; Ar als halber Schnitt und als halbe Ansicht. Oben kreisförmiger oder quadratischer Flansch, unten Rohransatz. Gr mit den verdeckten Kanten suchen.

Abb. 43b als Gr; mit 3 Rohransätzen. Ar und Sr als Vollansichten suchen.

Schrägschnitte im Gr der Kugel müssen als Ellipsen im Ar (Abb. 44) erscheinen. Lösung mit Hilfe der Schichtenschnitte s. —

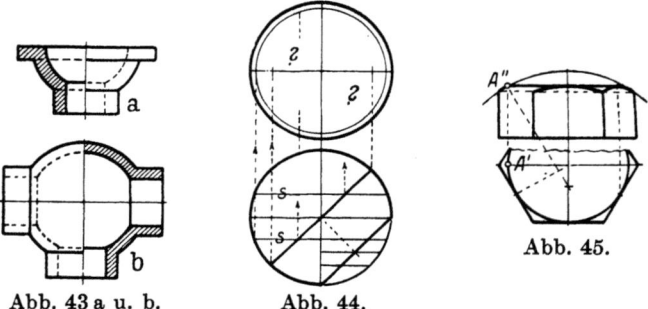

Abb. 43a u. b. Abb. 44. Abb. 45.

Für den kleinen Schnitt genügen im Ar Halbkreise, wie deren 2 schon im Gr als Geraden stehen. Wie hoch muß die kleine Ellipse im Ar werden? (Jeder Kreis zeigt in jeder Lage seinen Durchmesser.)

Abb. 45, Sechskantmutter mit kugeliger Eckbrechung. Ganz ähnlich wie Abb. 41. Damit die abgedrehte Fläche der kegeligen dort entspricht, wird in A'' eine Senkrechte zu der 30° schrägen Seite des Kegels gelegt; sie bestimmt den Kugelmittelpunkt.

§ 23. Ausgesprochene **Durchdringungen** sind der Oberstufe zugewiesen. Abb. 23 rechts, 35 und 43 werden kaum als solche angesehen. Hier sei nur erwähnt diejenige zweier gleichstarker Zylinder mit senkrechtem Achsenschnitte, z. B. ein Rohrkreuz. Liegen beide Achsen parallel einer Tafel, so erscheinen beide Verschnittkurven der Oberflächen in dieser Tafel als Diagonalen des Überkreuzungsquadrates, also als 45°-Schrägen bei aufrechter Stellung. Dies Bild kann sich der Schüler leicht merken.

Das beste Modell zum anschaulichen Beweise, daß diese Kurven eben sind, ist nicht ein Fertigkörper, sondern die 2 Teile eines T-förmigen sind es: der eine zeigt die Keilform, der andere die Kerbe, in welche der Keil paßt.

§ 24. **Die Schraube.** — „Schraube" ist Sammelwort; eine Menge handwerklicher, technischer und künstlerischer Formen stecken dahinter. „Das Schrauben" ist stets eine doppelte Bewegung: eine drehende und dabei fortschreitende — aber trotzdem keine rollende. — Der Lehrer lege sich eine Sammlung an aus Anzeigen (besonders der Zeitschr. d. Vereins deutscher Ing.) und Sonderankündigungen, um der Jugend zu zeigen, was sie alles noch nicht für „Schraube" angesehen hat.

Vorkommen. In der Natur als windender Stengel (Bohne, Winde, Hopfen), Schuppenanordnung am Tannenzapfen. — In den Arbeitserzeugnissen umfassen die Namen „Befestigungs- und Bewegungsschrauben" keineswegs alles: die 2 Schrauben an der Tischlerhobelbank, die Wagenhandbremse, gewisse Zahnräder und Fräser, der Fleischwolf, die Tonpresse, die Wendeltreppe, Wasser- und Luftpropeller, Korkzieher, Zug- und Druckfedern, Metallschläuche, Bindfaden, Taue, Kabel, Geflecht um Schläuche — „gewundene" Säulen der Gotik und des Barock, desgleichen Stäbe in Drechslerarbeit, „torsierte" Eisenstäbe und Profileisen (s. Musterbücher für Fassoneisen) u. v. a.

Grundkörper der Schraube ist meistens der Zylinder, weniger die anderen Umdrehungskörper. (Warum hat die Matratzenfeder stets kegelige, nie zylindrische Form?)

1. *Die Schraubenlinie* ist Grundlage aller Schrauben. Sie ist Resultierende (wie im Parallelogramm der Kräfte) der Bewegung eines Punktes auf der Zylinderoberfläche; a) ringsum, zugleich b) in Richtung der Zylinderachse. (Anschauungsmotiv: die sich im Lager stetig drehende Walze und der geradlinig an ihr stetig hingleitende Stahl.)

Die zeichnerische Konstruktion stützt sich auf folgende Überlegung: jede Volldrehung des bewegten Punktes um den Zylinder heißt „Umgang"; jede dazu erledigte Strecke in der Längsrichtung des Zylinders heißt „Ganghöhe"; also liegen Anfang und Ende eines Umgangs auf einer Ez. Auf einen halben, viertel... zwölftel Umgang kommt also eine halbe usw. Ganghöhe. Beim Aufreißen wird daher jede Ganghöhe in so viel Schichten zerlegt, als der Kreisriß Ez erhält. — Die Schraube kann beliebig viel Ganghöhen haben.

Das exakte Entstehen der Abb. 46 an der Tafel zeigt auf dem Zylinder ein rechtwinkliges Netz, in dem die Schraubenlinie als

Diagonale verläuft (ebenso auf der Abwicklung einer Ganghöhe, wodurch der Zusammenhang der Schraube mit der schiefen Ebene veranschaulicht ist). Mit einer parallelen Schraubenlinie entsteht der Eindruck eines um den Zylinder gewundenen Bandes.

Bei unseren Übungen ist es nicht nötig, die Ganghöhen zu teilen, sondern wir nehmen je 12 der vorgeteilten Schichten als eine Ganghöhe. — Maße zu empfehlen Durchmesser = 100 und die Schicht = 8. — An den Grenz-Ez darf die Schraubenlinie keine Ecke erhalten. Mit den abgekürzten Darstellungen von Schrauben wird der Schüler im Fachzeichnen bekannt gemacht. Der Schüler nimmt im Gr Vollkreise.

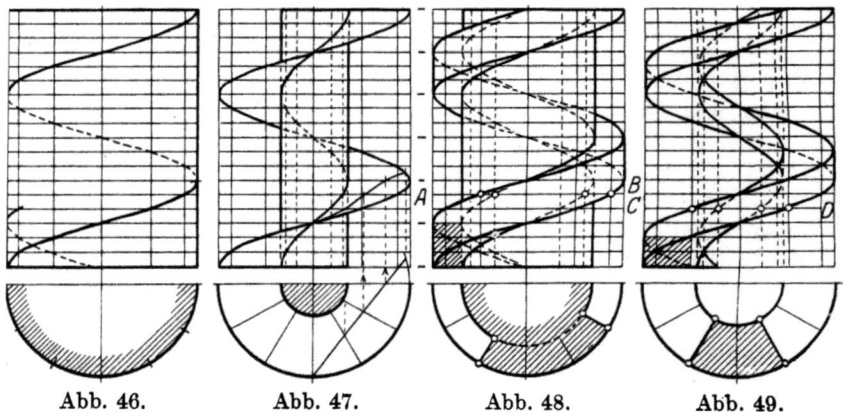

Abb. 46.   Abb. 47.   Abb. 48.   Abb. 49.

2. *Die Schraubenfläche* senkrecht zum Zylinder (Abb. 47) entsteht durch Schraubung einer Geraden, welche die Zylinderachse senkrecht schneiden würde. Es entstehen zwei Schraubenlinien von zweierlei Neigung. — Die Abbildung zeigt auch einen Schnitt parallel zur Zylinderachse.

Gut ist es, wenn man ein Modell aus Gasrohr und Blech zeigen kann. Es genügt auch folgendes: Man macht aus steifem Papiere einen Ring, dessen lichter Durchmesser größer ist als der Durchmesser des Zylinders. Der Ring wird radial aufgeschnitten und läßt sich nun, etwas langgezogen, als Schraubenfläche um den Zylinder legen.

3. *Der rechteckige Schraubenkörper* (Abb. 48 und 49). Man kann ihn entstanden denken durch Ausfüllen des Raumes zwischen zwei gleichen Schraubenflächen der besprochenen Art. Bei der technischen Herrichtung wird an dem Vollzylinder ein vierkantiger Schraubenkörper herausgearbeitet, so daß jener übrigbleibt

(„Flachgewinde"), oder es wird ein Vierkant um einen Zylinder gewunden (Herstellung von „Federn").

Zeichnerisch denkt man sich ein Rechteck (das in den beiden Ar schraffierte), dessen Ebene axiale Lage hat, schraubend um den Zylinder bewegt; so entstehen 4 Schraubenlinien. — Die Ez für die 2 inneren müssen sich durch die Strichart von denen des äußeren Zylinders unterscheiden, um Irrtümer in der Punktbestimmung der einzelnen Schraubenlinien zu vermeiden. — Das benutzte Rechteck kann für 2 Rotten verschiedenes Maß haben, wie in unserer Abbildung. Eine Rotte kann außerdem einen zylindrischen Kern annehmen, die andere diesen weglassen (Abb. 48 und 49). Unsere Abbildungen geben auch je einen Schnitt AB und CD, der stets im Kreisrisse so viel Fächer trifft, als das Rechteck Schichthöhen erhielt.

Hier sind nur „rechtsgängige" Schrauben dargestellt. — An der Tafel genügt es, von den Abb. 47—49 das erste Viertel des Umganges vorzuentwickeln.

III. Das geometrische Zeichnen der Oberstufe.

§ 25. In den Berührungsaufgaben sieht Timerding (§ 2) den „Hauptpunkt der ganzen geometrischen Zeichenkunst". Für das Folgende soll das Berührungsproblem (§ 2, 5) das geistige Band sein, an dem die Aufgaben, mit den Kegelkurven, folgerichtig aufgereiht sind, so daß die Schüler durch Konstruieren die inneren Zusammenhänge erkennen lernen. — Die Grundlage für den Aufbau des Stoffes sind die drei Elemente des Kreiskegels: Punkt, Gerade, Kreis. — Der objektiven Methode wird jetzt ein größeres Recht eingeräumt, doch bleibt die Darbietungsform elementarisch. — Nur der unbedingt nötige Stoff soll hier gegeben werden.

Die Grundaufgabe lautet einheitlich:

Es ist der geometrische Ort (d. h. die Lage der Mittelpunkte) aller Kreise zu suchen, welche die gegebenen Elemente berühren.

Die abstrakten Ergebnisse sind: Kreis, Gerade, Punkt und die Kegelschnitte als reine Gebilde der Ebene. — Alle Übungen erfordern peinlich genaues Arbeiten.

§ 26 A. **Der Punkt ist gegeben,** nur ein Punkt P. — Welches ist der geometrische Ort aller Kreise mit einerlei Radius, die durch diesen Punkt gehen? Die Antwort ist schnell gefunden und wird sofort exakt gezeichnet: der Kreis als geometrischer Ort.

Frage an das Vorstellungsvermögen: Welches Gebilde wird der Ort, bei einerlei Radius, wenn der Punkt frei im Raume liegt? Leben bringt der Ortskreis erst, wenn gewisse Probekreise gelegt werden.

1. *4 Berührkreise* von den Enden des wagerechten und senkrechten Durchmessers des „Ortes" aus. (Genauigkeitsübung: 2 Geraden und 4 Kreise durch einen Punkt!) Abb. 50. — Das Ergebnis ist eine rhythmisch gefällige Figur, aber uns interessieren gewisse geometrische Eigenheiten derselben. — Durch Probe mit Stichzirkel oder 30°-Dreieck findet der Schüler, daß der Ortskreis jetzt gezwölftelt ist. Also: die Zwölfeckkonstruktion im Kreise erfordert 2 senkrecht zueinander stehende Durchmesser (§ 9, 6c). Natürlich steckt auch die Sechseckkonstruktion mit darin, doch bleiben beide noch unbeachtet.

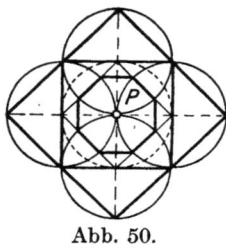

Abb. 50.

Feststellung: Gewisse Schnittpunkte liegen auf Quadratecken. Besonders wichtig ist das Achteck innen; es ist regelmäßig und schneidet die Ecken des inneren Quadrats ab. § 9, 2 und 3 kamen wir auf andere Art zu dieser Konstruktion.

Von Teilen der Figur kann man gut hingelangen zur Ähnlichkeits- und Proportionslehre, auch zur Zentralperspektive; doch führt das hier zu weit ab.

2. *Es sind 2 Punkte A und B gegeben.* Welches ist der Ort der Kreise, die durch beide gehen? — Die Antwort wird immer richtig — geraten. Es kommt aber darauf an, zeichnerisch folgerichtig den Fall 1 zu gebrauchen: wenn durch A und B zunächst nur ein Kreis vom Radius r gelegt werden soll, so liegt sein Ort sicher auf dem Ortskreise mit r um A, wobei r größer als die halbe Strecke AB sein muß. Unter allen möglichen Kreisen nun, die von hier aus geschlagen durch A gehen können, ist mindestens einer, der gewiß auch durch B geht. Dessen Mittelpunkt muß auf einem Ortskreise mit r um B liegen. Die Schnitte („Kreuzbogen") beider Kreise sind die gesuchten Orte. Durch Vergrößerung von r entstehen neue Schnittpunkte, die alle zusammen eine Gerade als Ort ergeben.

Aus der Konstruktion folgt, daß sie auch die senkrechte Mittellinie zur begrenzten Strecke AB ergab, zugleich den Ort aller

Die Gerade ist gegeben.

Spitzen von gleichschenkligen Dreiecken mit der Basis AB. — In ihr steckt auch die Zirkelkonstruktion zur Gewinnung eines Lotes in einem gegebenen Punkte einer Geraden oder von einem Punkte auf diese.

3. *3 Punkte sind gegeben*; sie müssen ein Dreieck bilden. — Die Überlegung sagt, am besten an Hand einer Skizze, als wäre die Sache schon fertig — solche Skizze ist stets zu empfehlen —, daß schon zweimalige Anwendung der Konstruktion vom Falle 2 einen Punkt als Ort ergibt. Also geht nur ein Kreis durch 3 Punkte.

Folgerungen aus der Konstruktion: a) Jede senkrechte Sehnenhalbierungsgerade eines Kreises geht durch den Mittelpunkt. b) Die Konstruktion dient dazu einen verlorenen Mittelpunkt wiederzufinden. c) Die senkrechte Seitenhalbierungslinien eines Dreiecks schneiden sich in einem Punkte gleich weit von den Ecken.

Anwendungen, Abb. 51a und b; zugleich mit den Maßen, nach denen die Grundfigur zu entwerfen ist, worauf der Bogenmittelpunkt konstruiert wird.

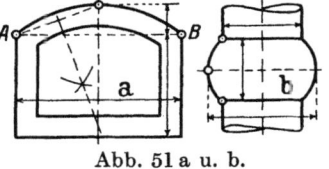

Abb. 51 a u. b.

Eine der Konstruktionslinien ist als Mittellinie von vornherein da. — (Ein Mittelpunkt ist am klarsten zu sehen, wenn er ein Schnittpunkt ist, nicht Endpunkt der einen Linie.)

§ 26 B. Die Gerade ist gegeben, nur eine Gerade g in beliebiger Lage. — Zu suchen ist der Ort aller Kreise vom Radius r, die g berühren.

Frage an die Vorstellung: Was für eine Form wird der Ort, wenn die g frei im Raume schwebt?

1. Jetzt beginnt sehr anschaulich für den Schüler das kinematische Denken. „Wir werden von jetzt an viel mit rollenden Kreisen wirtschaften. Schon hier: rollt ein Kreis auf g, wie ein Rad auf der Schiene, so erzeugt sein Mittelpunkt den Ort": eine Gerade parallel g ... Einen Probekreis einlegen und den Berührungspunkt senkrecht abschieben.

Anwendungen: Der „Spitzbogen", das Profil Viertelkehle als „Auslauf" einer Geraden, der nach 90° in einen Knick übergeht; u. a. — Die Übergangsstelle ist stets exakt durch Radius anzugeben, des guten Ausziehens wegen. (Ausziehregel: erst der Bogen, dann die Gerade.)

2. 2 Geraden sind gegeben. — Welche Lagen — die Geraden nur lang genug gedacht — sind in der Ebene, welche im Raume möglich? (Im Raume kommt die windschiefe hinzu.)

a) Die Geraden sind parallel...

Anwendungen: Profil des Tonnengewölbes, Halbkreistür- und Fensterbogen, Langloch, manche Kettenglieder, Wellblech, Schlangenrohr u. a. — Steckscheibe.

Abb. 52a, Kettenglied mit freihändiger Maßskizze: $L = 5{,}5\,d$ und $B = 3{,}5\,d$ (Formel der Gliedermaße). — Man gebe $d = 16$ bis 20 mm und lasse L und B selbständig suchen und aufzeichnen!!

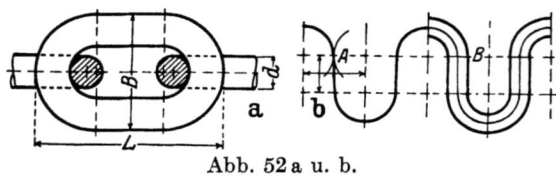

Abb. 52 a u. b.

Zeichnen und Rechnen zusammen ist manchen eine noch recht ungewohnte Sache!

Der Zeichenansatz beginnt bei diesen Anwendungen aus zeichentechnischen Gründen mit dem Orte als Mittellinie; es folgen die Kreise, an welchen dann die Geraden tangieren.

Ansatz: L auf der Mittellinie ansetzen, von den Enden der L her je $1{,}5\,d$ abgesetzt ergibt den Mittelpunkt des Querschnittes d, von den Enden her je $^1/_2\,B$ gibt den Mittelpunkt für die konzentrischen Bögen... (Übergänge genau bestimmen vorm Ausziehen.) Maße nicht einschreiben.

Abb. 52b, Schlangenrohr mit nur gleichen Bögen (schwer!); linke Hälfte die Mittellinie, die auch Wellblechprofil sein könnte. — Gang der Zeichnung: Das Netz, auf dem die Mittelpunkte liegen (peinlich genau!); beiderseits von A Ausprobieren des Radius und sofort alle mittleren Halbkreise hintereinanderschlagen; die Senkrechten passen dann. — Die Rohrweite: Halbe bei B ansetzen (außen oder innen) und sofort alle Halbkreise mit einerlei Radius schlagen; hierauf die anderen; die Senkrechten passen dann.

Die Gerade ist gegeben.

b) Die Geraden g und l schneiden sich (Abb. 53). — Die Schüler erraten die Winkelhalbierungslinie als Ort der Berührkreise, doch ist folgerichtig B, 1 zweimal anzuwenden: der Mittelpunkt jedes Rollkreises auf g und auf l erzeugt je einen Ort, deren Schnittpunkt gleichweit von g und l liegt ... usw.

Ergebnis: *Winkelhalbierung mittels Parallelen*, hier grundsätzlich nichts anderes als schon § 9, 4b und c. — Die in der Planimetrie bisher, wie es scheint, allein gelehrte Konstruktion ergibt sich aus der Abb. 53: $SB = SB'$ und $CB = CB'$; wir werden sie öfter gebrauchen.

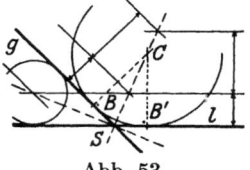

Abb. 53.

Wert dieser Parallelen-Konstruktion: sie ist auch brauchbar, wenn ein Schenkel ein Kreisbogen ist oder wenn beide Kreisbogen sind, welche beiden Fälle im technischen Zeichnen öfter auftreten.

Anwendungen. Ab- und Ausrundungen von Ecken: Ist der Radius gegeben, so wird mit den Parallelen gearbeitet; ist die Länge der abzuschneidenden Ecke gegeben, so liegt der Mittelpunkt auf dem Schnitte der beiden Radien.

Jene Flanschform von rhombischer Gestalt mit abgerundeten Ecken kann hier folgen. Nur verfährt das praktische Zeichnen anders: Angeben der nach Durchmesser und Abständen bestimmten Kreise, dann sorgfältiges Anlegen der Geraden und Bestimmen der Übergangspunkte wegen guten Ausziehens. — Ebenso der gleichseitig dreieckige Flansch mit abgerundeten Ecken. Gang der Zeichnung: Der Kreis, auf dem die 3 Mittelpunkte in gleichen Winkelabständen liegen; die Abrundungen, jede mit dem konzentrisch liegenden Bolzenloche, Anlegen der geraden Seiten, Bestimmen der Übergangsstellen.

3. *3 Geraden sind gegeben.* — Welche Lagen zueinander — jede ist möglichst lang zu denken — können sie in der Ebene haben? — Nur 2 Möglichkeiten sind für uns brauchbar.

a) 2 Parallelen und 1 Schneidende (Abb. 54). Ortsbestimmung durch Winkelhalbierung mittelst gleicher Schenkelabschnitte.

b) Die Geraden schließen ein Dreieck ein (Abb. 55a). Lange Schenkellängen abschneiden, damit die Halbiergeraden genau liegen!

Ergebnisse: 4 Punkte als Orte der Berührkreise. Ferner: die 3 Winkelhalbierlinien im Dreieck schneiden sich in einem Punkte (gleich weit von den Seiten); eine solche Linie und die der „Außenwinkel" der 2 anderen Ecken tun das auch. — Zu erinnern: Was war mit den 3 senkrechten Seitenhalbierlinien im Dreieck? (§ 26 A, 3) — mit den Höhen? (§ 9, 5). — Hierzu:

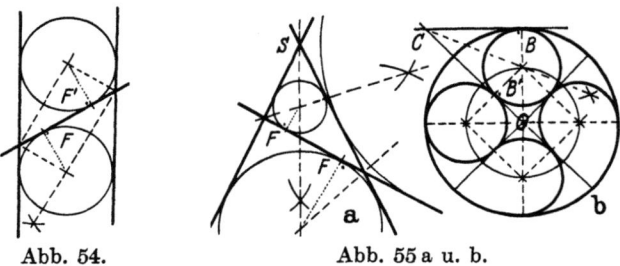

Abb. 54.   Abb. 55 a u. b.

auch die 3 Schwerlinien (von der Ecke nach der Seitenmitte laufend) tun das.

Nebenbei: Sieht man die Geraden der Abb. 54 und 55a an als Zylinder und als Kegel mit Schrägschnitt und die Berührkreise als Kugeln, so geben die Berührpunkte F und F' die Lage der Brennpunkte der Schnittellipsen an.

Anwendung zu b (Genauigkeitsübung): In ein Quadrat sind 4 gleiche Kreise so einzulegen, daß je 2 sich berühren und jeder eine Seitenmitte des Quadrats (durch freihändige Skizze den Sinn der Aufgabe erläutern). Lösung: Jeder Kreis liegt berührend in einem rechtwinklig-gleichschenkligen Dreiecke, das durch Einlegen der Diagonalen gebildet wird.

Da man in das Quadrat einen Kreis berührend einlegen kann, so können die 4 Kreise auch in diesem konstruiert werden (Abb. 55b). — Rotte 1 nimmt volle Kreise, Rotte 2 macht die wirbelnde Figur, an Schwungrad erinnernd. — Sinngemäße Anwendung der Konstruktion von 3, 5, 6 Kreisen in dem großen Kreise. — Eine andere Lösung erhellt aus der Abb.: $CB' = CB$; durch B' die Senkrechte zu CO ergibt sofort zwei Mittelpunkte usw.

§ 26 C. **Ein Kreis ist gegeben** mit Radius R_1. — Dreierlei Ortskreise mit Radius R_0.

Abb. 56a, der „Rollkreis", mit Radius R_2, berührt den „Festkreis" von außen. $R_0 = R_1 + R_2$.

Abb. 56b, der Rollkreis berührt den Festkreis von innen. $R_0 = R_1 - R_2$.
Abb. 56c, der Rollkreis umschließt den Festkreis. $R_0 = R_2 - P_1$.
— Auf diesen Fall c kommt selten ein Schüler.

Feststellung. Wenn in Abb. 56a, b, c durch den Berührpunkt eine Gerade als Sehne in beide Berührkreise gelegt wird, und werden nach den freien Sehnenenden R gezogen von den Enden der Zentrale, so entstehen in jeder Abbildung je 2 gleichschenklige einander ähnliche Dreiecke, und die 2 R sind einander parallel. (Anwendung in Abb. 57.)

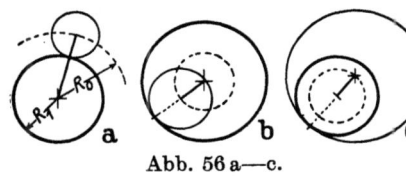

Abb. 56 a—c.

Anwendungen. Wellenlinien mit den Mittelpunkten auf einer Geraden oder auf den Ecken einer gleichschenkligen Zickzacklinie, Spiralen, Walzeisen- und Umdrehungsprofile, Rohrkrümmer, Lasthaken u. a.

Abb. 57, Motiv: Rohrkrümmer; verbunden mit 2 gegebenen Parallelen. — Alle 3 Übergangspunkte müssen gegeben sein. Im einfachsten Falle liegen sie senkrecht zu den Parallelen. Hier in Abb. 57 und wenn B rechts von B' verschoben ist, beruht die Lösung auf der Feststellung zu Abb. 56. An der vorläufigen freihändigen Skizze von Abb. 57 sieht man, daß $B'C' = SC'$ sein muß. C' findet sich bei Anwendung von § 26 A, 2 (B' und S sind die „2 Punkte"). C muß dann usw. —

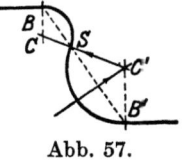

Abb. 57.

Die Bogen sind weniger als Halbkreise, im anderen Falle werden sie mehr; der einfache Fall zeigt Halbkreise.

Bei nicht parallelen Geraden genügen die bisherigen Mittel nicht (Abb. 60b).

2. *Es sind 2 gleiche Kreise gegeben*; schneidend oder nicht. — Die Lösung läuft zunächst auf § 26 A, 2 hinaus, wenn beide Kreise ein- oder ausschließend berührt werden. Anderes § 26 D.

Anwendungen. Flansch von Korblinienform, wenn die kleine Achse, der r und der Abstand der 2 Kreise voneinander gegeben sind; Gelenkkettenglied mit den Maßen, die denen des Flansches gleichliegen. — Die Mittelpunkte der berührenden Bogen werden auf den Ortsgeraden durch Probieren gefunden.

Abb. 58, Motiv: Rohrkrümmer, gehört hierher, wenn r und der Abstand der 2 C voneinander und R gegeben ist; die Geraden sind dann Zugabe (der eine Mittelpunkt entsteht durch Kreuzbogen von den C aus mit Radius $r + R$. — Abb. 60 treffen wir wieder darauf.

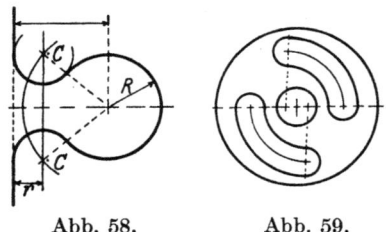

Abb. 58.   Abb. 59.

3. *2 konzentrische Kreise sind gegeben.* — 2 neue konzentrische Kreise als Orte: einer für zwischenliegende Berührkreise — Abb. 59, Motiv: Hubscheibe für eine Spannvorrichtung, als Anwendung; — einer für solche, die den inneren einschließen.

§ 26 D. Die Stücke sind so gegeben, daß als Orte die Kegelschnitte entstehen.

1. *Die Parabel* (Abb. 60a). Gegeben ist eine Gerade l und ein Punkt F außerhalb. Die Kreise sollen also l berühren und durch

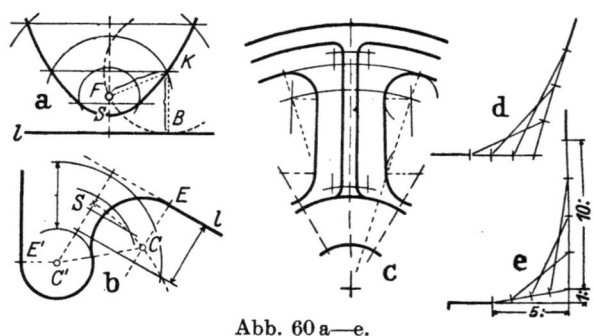

Abb. 60 a—e.

F gehen. — Punkt S ist der Ort für den kleinsten Berührkreis. Rollt ein größerer Kreis vom Radius R auf l (§ 26 B, 1), so wird auf seinem Orte zweimal ein Punkt sein, der von l und F gleich weit abliegt — also schlägt man mit R einen Kreis um F und erhält z. B. die Orte K. Das Verfahren wird fortgesetzt. Ein Probekreis von K aus beweist, daß **jeder Punkt der Parabel gleichen Abstand von der „Leitlinie" l und dem festen Punkte F, dem „Brennpunkte" hat.** „Das ist das Gesetz der Parabel."

KF und KB heißen „Leitstrahlen", S ist der „Scheitel", die Senkrechte auf l durch S und F ist die „Achse". Die Halbierungs-

Die Stücke sind so gegeben, daß als Orte die Kegelschnitte entstehen. 63

gerade des Winkels *BKF* ist Tangente in *K*. Die Verlängerung der *BK* parallel zur Achse lehrt, daß Licht-, Wärme- und Schallwellen, die von *F* ausgehen, parallel zur Achse zurückgeworfen werden im parabolisch gekrümmten Spiegel.

2. *Parabeln entstehen auch*, wenn gegeben sind eine Gerade *g* und ein Kreis, a) außerhalb *g*, b) *g* berührend, c) *g* schneidend. — Es ist also § 26 B, 1 mit den Ergebnissen der Abb. 56a, b, c zu verbinden. — Für a entstehen 2 Parabeln; eine für aus-, die andere für einschließende Berührung. Für b ergibt sich eine, für c wieder zwei, die durch die Schnittpunkte gehen und die Winkel mit gradem und kreisförmigem Schenkel halbieren.

Anwendungen. Für a Abb. 58; wenn die in Abb. 58 eingesetzten Maße gegeben sind; die 2 *C* sind die gesuchten Parabelpunkte.

Ferner Abb. 60 b (Fortsetzung zu Abb. 57). Die 2 Geraden und ihre Endpunkte *E* und *E'*, dazu der Kreis um *C'* sind gegeben. Das fehlende Krümmerstück ist zu suchen. Dieser Kreis hat seinen Ort senkrecht über *E*, zugleich auf der Parabel zwischen der *l* und dem Kreise *C'*.

Für Fall c kommt als Anwendung der Zusammenstoß von gleichen Profilen in Frage, deren Gehrung also parabolisch gekrümmt und Halbierungslinie des Winkels zwischen Gerade und Kreis ist.

Abb. 60c zeigt eine sehr häufige Anwendung: Ausrundung zwischen Kreis und Gerade, doch wird nur je ein Parabelpunkt durch die rollenden Ausrundungskreise nötig, deren Orte hier fein voll gezeichnet sind. — Das Rad ist mit 4 Speichen gedacht.

Abb. 60d, Parabelkonstruktion, angewandt für den Übergang aus steilem Fuße am Lagerbocke in die Wagerechte.

Abb. 60e, wenn der Fuß senkrecht herabkommt; Änderung der Konstruktion d.

3. *Die Ellipse* als geometrischer Ort entsteht, wenn gegeben sind: a) und b) Punkt oder Kreis exzentrisch in einem anderen Kreise; c) 2 sich schneidende Kreise.

Bei a entsteht eine Ellipse durch Verbindung von Abb. 56b mit dem Orte um einen Punkt. — Für b) ergeben sich 2 Ellipsen, je nachdem der innere Kreis von den Berührkreisen ein- oder ausgeschlossen gedacht wird. — Bei c) geht die Ellipse durch die Schnittpunkte, bleibt innerhalb der 2 Kreise und ist nichts anderes als **Halbierungslinie des Winkels, den kreisförmige Winkelschenkel einschließen.**

Um „das Gesetz der Ellipse" zu erkennen, werden am besten angenommen:

Abb. 61a, **2 sich schneidende Kreise** mit dem Radius R, Mittelpunkte F und F'; und nun wird Abb. 53 (Skizze an der Tafel) übersetzt: links Parallelen als Orte rollender Kreise in dem einen und auf dem anderen Kreise. Der Mittelpunkt des größten Berührkreises ergibt dazu den Punkt A und rechts B. So sind die Achsen KK und AB fixiert, nebst den Leitstrahlen L und L'. — Da $AF = JO$ ist, so muß $FK = R = AO$ sein, also $FK + F'K = 2R = AB$. Da ferner $L' = R + r$ und $L = R - r$ ist, so muß auch $L + L' = 2R = AB$ sein. Das ist das „Gesetz" nämlich:

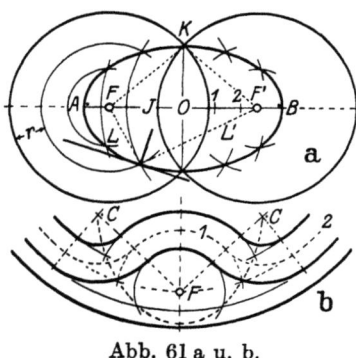

Abb. 61 a u. b.

„**Die Summe der Abstände eines Ellipsenpunktes von zwei festen Punkten, den Brennpunkten, ist konstant**", und zwar gleich der großen Achse.

Daraus folgt die Konstruktion ohne die festen Kreise (rechte Seite unserer Abbildung), nur auf Grund der gegebenen Achsen. — Mit der halben Großachse sucht man durch Bogenschlag von K aus F und F', nimmt einen Leitstrahl $A—1$ (größer als die halbe Großachse) und schlägt von F aus Bogen, dann mit dem Reste $B—1$ (anderer Leitstrahl) nochmals Bogen und hat 2 respektive 4 Ellipsenpunkte usf.

Die Tangente in einem Ellipsenpunkte ist senkrecht zur Halbierungslinie des Winkels, den 2 Leitstrahlen einschließen.

Abb. 61b, Motiv von einer Schaltscheibe (der parallele Zug ist eine Nut), als Anwendung für Ab- und Ausrundung zwischen den sich schneidenden Kreisen 1 und 2. Die Schnittpunkte der verschiedenen Kreise liegen auf einer elliptischen Gehrung.

4. *Die Hyperbel* entsteht als geometrischer Ort, d. h. beide gleiche Hyperbeläste entstehen, wenn gegeben sind:

Die Stücke sind so gegeben, daß als Orte die Kegelschnitte entstehen. 65

a) 1 Kreis und 1 Punkt außerhalb; b) 2 ungleiche Kreise, sich schneidend (die eine Hyperbel entsteht bei einschließender Berührung, die andere bei ausschließender; letztere ist Halbierungslinie zwischen kreisförmigen Winkelschenkeln); c) 2 gleiche Kreise nebeneinander (der eine wird ein-, der andere ausschließend berührt; dann wird gewechselt); d) 2 ungleiche Kreise nebeneinander (2 Paar Äste; das eine wie bei b, das andere wie bei c).

Als Lehrkonstruktion dient am besten Fall a).

Abb. 62a, gegeben ein Kreis vom Mittelpunkt F mit dem Radius R und Punkt F'. — Leicht verständlich ist die Konstruktion für den Ast rechts: der Rollkreis mit Radius r läuft um den Festkreis; mit r ein Bogen um F' ergibt 2 Kurvenpunkte. Der Scheitel B liegt mitten zwischen N und F' für den kleinsten Berührkreis. Der Probekreis K' lehrt, daß der Unterschied der Leitstrahlen gleich R ist.

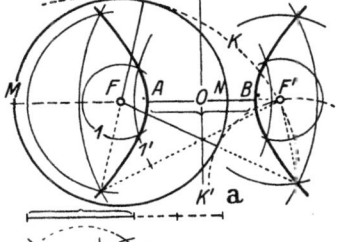

Schwieriger für das Verständnis ist die linksseitige Konstruktion (mit einschließender Berührung), doch hilft Punkt A rasch dazu, als Mittelpunkt des kleinsten Berührkreises zwischen M und F': die Radien seiner Ortskreise sind $F'A$ und $FA = MA - R$. — Wenn also Ortskreis $1'$ gelegt wird, so ist R vom Radius $1'$ abzuziehen, um den r vom Ortskreise 1 zu erhalten; d. h. man setzt den Radius $1'$ von N aus über F hinaus ab, und das überragende Stück ist r zu 1.

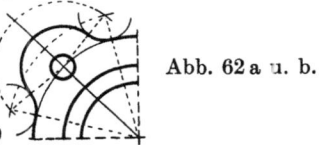

Abb. 62a u. b.

Beginnt man aber mit Kreis 1, so ist dessen r zu R zu schlagen usf. Der Probekreis K lehrt, daß auch hier der Unterschied der Leitstrahlen gleich R ist.

5. „Das Gesetz der Hyperbel" heißt also: Der „Unterschied der Abstände jeden Kurvenpunktes von 2 festen Punkten, den Brennpunkten, ist konstant", und zwar gleich der „Hauptachse" AB (folgt aus der Gleichheit von FA, NB und BF').

Daraus folgt die Konstruktion ohne Festkreis, nur mit Hilfe der Hauptachse und der Brennpunkte. Man setzt am besten das Maß der Hauptachse a gesondert neben den Platz der Konstruktion: jeder Zuschlag zu a ist r eines Ortskreises, der andere wird mit $a + r$ geschlagen.

Der Schnitt O von Haupt- und Nebenachse heißt Mittelpunkt. — Eine Tangente halbiert stets den Winkel, den zwei einander zugeordnete Leitstrahlen einschließen. — Die 2 „Asymptoten" („die nie zu Erreichenden") gehen durch O, liegen symmetrisch zu den Achsen und nähern sich den Hyperbeln immer mehr, aber ohne sie zu erreichen. Man findet sie, wenn man durch die Scheitel A und B Senkrechten zur Achse legt und sie mit einem Kreise schneidet, der von O aus durch die Brennpunkte gezogen wird. Die Diagonalen dieses Rechtecks geben die Lage der Asymptoten an; sie decken sich mit dem zugehörigen Kegelaufrisse. — „Parameter" heißt die Strecke (Sehne) zwischen jedem Kurvenaste, die senkrecht zur Achse durch den Brennpunkt geht.

Anwendungen. Abb. 62b, Ausrundungen an einem Röhrenflansche. — Jeder der 2 zu suchenden Mittelpunkte, für den Radius der Ausrundung, liegt auf der Winkelhalbierungslinie zwischen 2 kreisförmigen Schenkeln.

Wenn in Abb. 58 gegeben sind der Radius r, der Abstand der $2C$ voneinander und der des Scheitelpunktes S von der Geraden, so liegt der zu suchende Mittelpunkt auf der Mittellinie und auf einer Hyperbel zwischen Kreis C und Punkt S.

§ 27. Die Radlinien (Zykloiden). Sie finden Verwendung bei der Gestaltung der Zahnflanken von Zahnrädern. — Sie entstehen, indem ein Kreis entweder auf einer Geraden, auf oder in einem Kreise rollt; er ist dabei Träger eines Punktes, dessen Weg die Kurve ist. Der Punkt kann liegen: auf einem Radius (Mittelpunkt ist ausgeschlossen), auf dem Umfange, auf dem verlängerten Radius.

Da man diese durch Bewegung entstehende Kurven nicht sehen kann, wie man etwa einen im Dunkel geschwungenen Funken als Strich sieht, selbst am schnellsten Autorade nicht, so gehören sie zu den echt „graphischen" Kurven (§ 1, 5d). Es gibt Modelle, um sie anschaulich an der Tafel entstehen zu lassen, doch haben die Schüler durch das Arbeiten mit dem Berührungsproblem genügend Vorstellungsvermögen erworben, um hier die fortschreitende Bewegung in der Zeichnung zu verstehen. Und darauf kommt es an.

Die Radlinien.

1. Die 3 Radlinien bei geradem Wege des Rollkreises.

a) **Die gemeine Radlinie.** Das Verständnis über Entwicklung derselben ist Grundlage für die weiteren Konstruktionen. Abb. 63a, der erzeugende Punkt P liegt auf dem Kreisumfange. — Es leuchtet ein, daß der Umfang des Rollkreises eingeteilt wird, und daß diese Bogenstrecken auch auf der „Grundlinie" aufzutragen sind. (In unserer Abb. Zwölfteilung.) Wie ist zu überlegen, um weiterzeichnen zu können? — Wenn Punkt 1 des Kreises nach 1' der Grundlinie kommt, so ist der Mittelpunkt über 1' angelangt, und Punkt P hat sich in die Höhe 1 erhoben; rückt 2 bis 2' vor, so usw. ... Also gibt die Kreisteilung die Höhen für die Einzellagen von P und die Teilung der Grundlinie die Fortbewegung von P. Die Abbildung zeigt, wie das abgerollte Kreisstück immer größer wird und den Punkt mit zum „Scheitel" hinauf nimmt und von da wieder hinab. — Die Linien

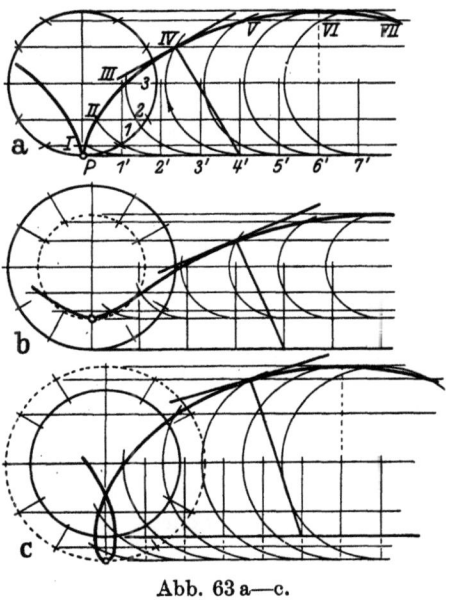

Abb. 63 a—c.

5'—V, 4'—IV usw. sind senkrecht zur Kurve und geben daher auch die Lage der Tangente an.

b) **Die verkürzte Radlinie.** P liegt auf beliebiger Stelle des R. Abb. 63b sagt das Nötige. An der tiefsten Stelle ist keine Ecke.

c) **Die verlängerte Radlinie.** P liegt auf dem verlängerten R. Die Konstruktion ist aus Abb. 63c ersichtlich. Die Schleife ist unten nicht spitz.

2. Die Radlinien beim Kreiswege des Rollkreises. — Wir begnügen uns hier mit den zweien, die der gemeinen Radlinie über einer geraden Grundlinie entsprechen, die hier zum „Grundkreise" geworden ist, weshalb das rechtwinklige

Liniennetz von dort eine Umbildung zum radial-konzentrischen erfahren hat.

a) **Die Aufradlinie (Epizykloide)** Abb. 64a. Die Umfänge der 2 Kreise verhalten sich wie 2:1, so daß 2 Kurven ringsum entstehen würden.

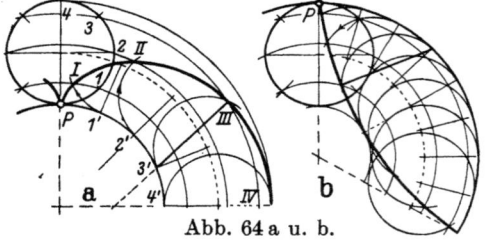

Abb. 64a u. b.

b) **Die Inradlinie (Hypozykloide)** Abb. 64b. — Ist der Rollkreis halb so groß wie der Grundkreis, so wird die Kurve eine Gerade. Daher sind hier die Umfänge $= 3:1$ gewählt, so daß also 3 Kurven im Grundkreise entstehen.

§ 28. Die Fadenlinie (Evolvente) ist eine spiralige Kurve, die bei der Formgebung von Radzähnen, wie die Radlinie, benutzt wird.

Entstehung. Wenn eine Scheibe fest auf einer Ebene liegt und ein Faden ist mit einem Ende fest an ihrem Rande in tangentialer Lage, so beschreibt das andere Ende auf der Ebene die Kurve, wenn der Faden straff aufgewickelt wird. Oder: man legt ein Lineal tangential mit einem Ende an die Scheibe und rollt es an dieser ab. Das sich immer mehr lösende Ende beschreibt die Kurve. (Vormachen.) Jeder Punkt des Lineals beschreibt eine solche Kurve.

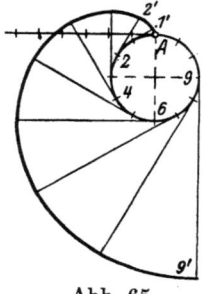

Abb. 65.

Annäherungskonstruktion mit dem Zirkel (Abb. 65). — Kreis mit Zwölfteilung, damit auch die Tangenten an die Teilpunkte bequem mit dem 60°-Dreieck zu zeichnen sind. — $1 - A$ ist der erste Krümmungsradius mit Bogen bis $1'$; $2 - 1'$ ist der zweite Radius mit Bogen bis $2'$ usf.

Denkt man sich das Lineal als Teil eines unendlich großen Rollkreises, so ist jedes Kurvenstück ein Teil einer gemeinen Aufradlinie.

Die Kurve Abb. 65 heißt Kreisevolvente, weil der geometrische Ort ihrer Krümmungsmittelpunkte ein Kreis ist; dieser heißt **Evolute** oder Leitkreis.

IV. Das Projektionszeichnen der Oberstufe.

Dem Schüler ist einzuhämmern, es komme nicht so sehr darauf an, daß er erfahre, wie dies und das gezeichnet wird nach den Regeln der Zeichenkunst, als vielmehr darauf, daß durch Zeichnen sein **räumliches Denken** exakt geschult werde; daß er neben **Schrift und Zahl auch die Linie beherrsche als Audsrucksmittel seines Denkens.**

§ 29. Die stoffliche Bearbeitung bedarf jetzt weniger der perspektiven Hilfe wie die Unterstufe. — Einzelne sachliche Gegenstände behalten wie früher ihren Wert als Träger zeichnerischer Probleme, die zur Bearbeitung von ihnen losgelöst werden.

Es ist zum Anfange auf das angenommene Sehverfahren des projektivischen Zeichnens genau wieder zu verweisen (§ 17, Abb. 21). — Die Gruppierung des Stoffes ist, nächst dem Beginne mit dem Leichten in jedem Kapitel, durch die stereometrische **Bearbeitung** der geometrischen Körper bedingt. Daher:

1. *Stellungen und Bewegungen; ebene, dann zylindrische Schnitte.* Das sind 2 oder 3 Hauptprobleme als notwendige Voraussetzung für das Folgende, denen einiges aus der allgemeinen Stereometrie vorangestellt wird, damit dieses als Wissen sich der jetzt reichlich vorhandenen Werkstattmitgift an praktischen Anschauungen geselle zur besseren geistigen Beherrschung des Stoffes.

2. *Durchdringungen und Schraube* (oder umgekehrt) *und Abwicklungen* sind dann nur mehr Anwendungen der in Gruppe 1 geübten Verfahren. Desgleichen

3. *die allgemeine Schräglage*, als Neueinkleidung von Gruppe 1 mit neuen Schwierigkeiten für den Schüler.

Als Einleitung des Ganzen ist zu geben, nur eine halbe Stunde lang:

§ 30. Geschichtliches, als Abriß der Entwicklung des technischen Zeichnens und der darstellenden Geometrie.

Die Schüler sollen ein geschichtliches Bild sehen vom festen Boden ihres Berufes aus. — Solch Bild zeigt das Woher und lehrt Gegenwärtiges besser verstehen. Es ist zugleich ein Stück aus der Geschichte der Arbeit, ein Stück jahrtausendelanger Arbeit. In der Arbeit sind die Menschen gegenseitig aufeinander angewiesen, auf gegenseitiges Verstehen dessen, was sie wollen. — Die darstellende Geometrie ist seit der Wende vom 18. zum 19. Jahrhundert das gemeinsame Band zwischen künstlerischem (perspektivem) und technischem Zeichnen geworden, ist aus beiden hervorgegangen und hat Gesetz und Ordnung geschaffen an Stelle einer Menge ehemals zu merkender Einzelfälle. Ordnung erleichtert alle Arbeit, spart Kraft und Zeit.

1. Die darstellende Geometrie geht als Zeichnen bis auf die Werkrisse der Baumeister und die Geometrie der alten Ägypter und Babylonier zurück; das sind 1—4 Jahrtausende v. Chr.[1]). — Auf (nicht an) einem Pylon des Isistempels der Nilinsel Philä sind naturgroß Aufriß und Grundriß einer Säule eingemeißelt[1]). Die vorbabylonische sitzende Statue des Königs Gudea hat auf dem Schoße eine Platte, in die ein Festungsgrundriß nebst Maßstab eingegraben ist. — Diese Trennung der Risse ist eine der ältesten Errungenschaften des technischen Zeichnens. — Aus Bibelberichten (1. Kön. 6, 7) ist zu schließen, daß die Werksteine am salomonischen Tempel, den Bauleute von Tyrus errichteten, genau an ihren Platz paßten; das setzt Kenntnis der praktischen Geometrie und guten Zeichnens der Meister voraus. Wahrscheinlich haben jene alten Zeiten auch viel mit Normalformen gearbeitet (wie wohl auch die Griechen), die fest im Gedächtnis der Werkleute saßen und manche Zeichnung sparten. — Von technischen Zeichnungen der Griechen ist bis jetzt nichts gefunden; ihre Schriftsteller rühmen überschwenglich nur die Kunst der Maler, sagen nichts von der Reißkunst der Baumeister der herrlichen Tempel. Erst der Baumeister Vitruv des ersten Römerkaisers Augustus gibt in einem großen Werke Kunde, daß die Baumeister sich auf Grundriß, Aufriß und Perspektive verstanden. Leider ist nur der Text dieses „Vitruv" erhalten[2]). — Die Völkerwanderung gab auch in diesem Zeichnen einen starken Rückschlag; darum mutet der berühmte Grundplan der Klosteranlage von St. Gallen aus dem 9. Jahrhundert (auf rund 1 qm Kuhhaut gezeichnet) wie neuer Anfang an. Alle Mauern sind einfache Striche, schriftliche Bemerkungen sind eingetragen, die Form von

---

[1]) Cantor: Geschichte der Mathematik Bd. I. — Borchardt: Altägypt. Werkzeichnungen. Zeitschr. f. ägypt. Altert. 1896.
[2]) Die beste Übersetzung von Franz v. Reber, 1865. — Die Übersetzung von Rivinus, gedruckt zu Basel 1575, versteigt sich in den vielen Bildbeigaben (im Stile des 16. Jahrhunderts) sogar zu einer Kanone.

Geschichtliches. 71

Türen und Fenstern ist in den Grundriß hineingeklappt, Wendeltreppen sind durch Spiralen versinnlicht.

Dieses Umklappen, uns im exakten Zeichnen noch heute ein wichtiger Behelf, diente schon ägyptischen Malern und assyrischen Reliefkünstlern zum Lesbarmachen ihrer Bilder. Die Ägypter stellten ein von Palmen umstandenes Wasserbecken dar, indem sie das Viereck des Beckens von oben gesehen gaben; die Palmen wurden aber aufrecht gezeichnet mit der Wurzel nach dem Becken zu. Assyrische Flachreliefs zeigen Festungsmauern von vorn; die Sturmleitern daran, auch die Krieger darauf, sind von der Seite gesehen eingetragen. Solch Mischverfahren findet sich auch in landschaftlichen Reliefs mit Figuren an der Trajanssäule zu Rom, und wenn in unseren Meßtischblättern Windmühlen und der einzelne ragende Baum einer Gegend als Aufriß an ihren Ort gesetzt sind, so ist das Beibehaltung eines Stückes uralter Weise. Sie wird in den Zeichnungen unserer Kinder oft wieder jung. Man fühlte wie unsere Kinder: die kennzeichnende Form muß her; auch unser Rißzeichnen ist ohne sie undenkbar.

2. Das eigentliche projektivische Zeichnen setzte offenbar in der romanischen Baukunst (11. und 12. Jahrhundert) von neuem ein; der „Steinschnitt" in den Dombauhütten des Mittelalters, der für die schwierigen Stücke der Schluß- und Kämpfersteine der Gewölbe, der (in der Spätgotik) sogar im Grundrisse manchmal gebogenen Rippen, für die Wendeltreppen — alles in Werkstein — nötig war, ward die Schule des projektivischen Zeichnens; sie setzte mehr als elementare Kenntnisse voraus. Aber von dieser Lehre selbst kennen wir keine Einzelheiten; sie blieb geheim, da sie nur von Mund zu Mund gegeben wurde von den Eingeweihten. Und die wenigen großen und kleinen Risse, von der gewaltigen Turmfassade herab bis zum Grundrisse eines Taufsteines, die erhalten sind, sind fix und fertig, sind für uns stumm. In manchem Hochrisse ist geometrische und perspektivische Art durcheinandergemischt, und in manchem Grundrisse sind verschiedene wagerechte Schnitte (um heutigen Ausdruck zu gebrauchen) alle ineinandergezeichnet, oft mit gleichen starken vollen Strichen. — Vielbenutzt als Schlüsselfiguren für Entwicklung von Grundriß und Hochriß wurden das regelmäßige Drei-, Vier-, Fünf-, Sechs-, Acht- und Zehneck; auch für die Bildung von Einzelheiten am Kirchenbau. Das ist also auch

eine Art von „Normen", wie solche anderer Art die antike Baukunst und nach der Gotik die Renaissance in den „Säulenordnungen" benutzte. Normen sind Ordnung, Gesetz, Zeit- und Kraftersparnis.

3. Endlich gibt uns der große Nürnberger Albrecht Dürer durch sein großes Werk „Underweysung der Messung", 1525, genauere Kunde. — Nach Cantor wurde Dürer durch dieses Buch der Begründer einer ganzen perspektivischen Literatur in Deutschland, doch ist er keiner der Begründer der darstellenden Geometrie. Aber der erste ist er, der Näherungskonstruktionen mit Bewußtsein ausführt; auch ist er Erfinder der zusammenhängenden Netze der regelmäßigen und halbregelmäßigen Körper. — Im 3. Teile, der von den Körpern handelt, ist Grundriß und Aufriß getrennt (Gr stets unterm Ar); Prisma, Pyramide, Schraubenlinie u. a. sind rein projektivisch entwickelt, doch sind verdeckte Kanten immer voll ausgezogen. Kippstellungen behandelt er an einem fast kubischen Prisma, das er als Hüllkörper eines Menschenkopfes denkt. Aber noch fehlt im Texte der Aufschluß über das Warum der Konstruktionen; er sagt nur: „ich tue dies ... und dann das ..."

4. Nach Dürer ist vorerst zu nennen der bedeutende französische Architekt de l'Orme (seit 1564 Erbauer des Pariser Stadtschlosses Tuilerien); er gab ein Werk über Steinschnitt heraus. Auch der Architekt und Ingenieur Desargues, † 1662 (kurz vor ihm noch zwei andere Männer), wollte durch solch Werk den Handwerkern Anleitung geben zur stereotomischen Bearbeitung von Holz und Stein — das war der Anstoß zur Stereometrie als neue Hilfswissenschaft —, aber die Handwerker hielten sie für „unpraktisch und zu schwer". — Sie alle gaben wieder nur Konstruktion und Beschreibung derselben, ohne den Nachweis der Richtigkeit. — Genau so machten es die Nürnberger Kupferstecher Boxbarth und Bodner in ihrer großartigen Neuauflage der Perspektive des Italieners Pozzo, 1708—1711: „man ziehe diese Linie, dann diese ..." usf. geht es in den Anfangsgründen; rein mechanisch. Konnten sie nicht oder durften sie nicht klarer sein? In des Nürnbergers Doppelmeyer Werk (mit vielen Stichen) „Historische Nachrichten von den Nürnberger Mathematicis und Künstlern" 1730, steht S. 196: daß das theoretisch-technische Wissen zu „der Zünfften Heimlichkeiten" gehöre!

5. Das wird endlich anders durch den französischen Ingenieur und Offizier Frezier, † 1773. Er trennt erstmalig Theorie und Praxis, und im theoretischen Teile gibt er zu den Konstruktionen die Beweise. Zur Darstellung benutzt er die „orthogonale" Parallelprojektion (also wie heute; wir sagen kurz, die „gerade"). Das Wort entlehnte er von dem Antwerpener Mathematiker Aquilonius, † 1617, der auch die noch heute geltende Erklärung dieses Verfahrens gab: von jedem abzubildenden Punkte ist eine senkrechte Linie auf die Projektionsebene zu fällen.

Der französische Mathematiker und Physiker Monge (1746 bis 1818) gab schließlich dieser neuen Geometrie ihre Spitze und damalige Vollendung in der Wissenschaft der „darstellenden Geometrie"; auch den Namen gab er ihr. 1798 kam sie erstmalig in Buchform heraus[1]). — Monge war 1792 französischer Marineminister; 1798 stand er an der Spitze der wissenschaftlichen Abteilung, die Bonapartes Heer nach Ägypten begleitete. — 1795 wurde in Paris die polytechnische Schule eröffnet; der Unterricht war ganz nach Monges Plänen eingerichtet; sie wurde Ahne aller technischen Hochschulen. Monge eröffnete seine Vorträge an dieser damals ganz neuartigen Schule mit einer Rede, in der er den praktischen und erzieherischen Wert der darstellenden Geometrie in helles Licht rückte (die königliche Regierung hatte ihm vordem die Veröffentlichung dieser seiner neuen Wissenschaft verboten) und auf ihre Bedeutung für das Verständnis der Maschinenlehre hinwies.

6. Der Maschinenbau, der seit Erfindung der Dampfmaschine ein mächtig emporstrebender Teil des gesamten Bauwesens wurde, hatte wirklich guten Grund, sich der neuen zeichnenden Geometrie zu freuen. Guerickes Luftpumpe 1672 war noch perspektivisch in ihren Einzelheiten gezeichnet, ebenso Papins Dampfmaschine von 1706, desgleichen die meisten Darstellungen technischer Art in der großen Enzyklopädie, welche die Franzosen Diderot und d'Alembert 1751—1765 in Paris herausgaben. — Je mehr das Eisen das Holz als Baustoff der Maschinen verdrängte, desto deutlicher wurde wohl die Unzulänglichkeit der alten Zeichnerei erkannt.

---

[1]) Übersetzt von R. Haußner: Ostwalds Klassiker der exakten Wissenschaften, Nr. 117. — Am Schlusse ein geschichtlicher Abriß, der z. T. hier benutzt ist.

Die neuartigen Kraft- und Arbeitsmaschinen forderten vom Konstrukteur schon im voranlaufenden Zeichnen und Rechnen eine Präzision, die vordem nicht gekannt war. So lag es jetzt förmlich in der Luft, daß der neue technische Geist sich mit der mathematischen Spekulation verband, und es war wohl kein Wunder, daß ein Physiker und Mathematiker, Monge, dem Baue die Spitze gab. — 300 Jahre früher hatte der Vorwärtstrieb der Kunst die Paarung von künstlerischem und mathematischem Geiste gezeitigt, und Künstler (Alberti, Leonardo da Vinci, Dürer u. a.) entdeckten die Gesetze der Perspektive, die nun für die Malerei eine ungeheure Erleichterung wurde. Jetzt schaffte die darstellende Geometrie für das technische Zeichnen dasselbe, und sie schloß die Perspektive mit ein, insofern diese die „zentrale" Projektion räumlicher Gebilde auf eine Ebene ist.

Für den Stoff, den Monge vorfand, den er ordnete, wissenschaftlich vertiefte und durch Eigenes vermehrte, hat er die Bearbeitung sehr vereinfacht und erleichtert durch eine unscheinbare Zugabe zu den Projektionstafeln (wer an Tafeln zuerst gedacht hat, weiß man nicht); das ist die Schnittlinie zwischen je zweien, die *Projektionsachse*. Dadurch wurden die Tafeln sinnfällig drehbar und ließen sich in eine Ebene legen.

7. Welch langer Weg vom ältesten Werkrisse bis zu dieser wissenschaftlichen Vollendung! — Die erste deutsche Übersetzung Monges Arbeit gab 1828/29 G. Schreiber heraus. Seitdem ist manche Erweiterung des Faches dazugekommen, und manche deutsche selbständige Neubearbeitung erschien, nachdem die Zeit der Übersetzungen überwunden war. (Eine der besten die von Kaufmann, nach des Franzosen Leroi „Darstellende Geometrie" und „Stereotomie, Schattenlehre und Perspektive", 1838 und 1849.)

Die „darstellende" Geometrie samt den Beweisen für ihre Richtigkeit war geschaffen; sie bewies an sich und durch ihre praktischen Anwendungen, daß Zeichnen zunächst Kopfarbeit ist, die zeichnende Hand ist nur Werkzeug des Kopfes. — Für das technische Zeichnen setzte damals die harte Arbeit ein, die Lehren dieser neuen Wissenschaft in den Dienst der Werkarbeit zu stellen. Das war besonders schwer für den Maschinenbau, der sich des Eisens und der Präzisionsarbeit bediente und in dieser

Hinsicht sich ohne die starke Hilfe einer Überlieferung helfen mußte. Die Bauweise in Holz und Stein wirtschaftete seit Jahrhunderten mit den Eigenschaften dieser Rohstoffe und mit den in ihnen möglichen alt- und allbekannten Formen; der Arbeiter verstand daher, auch ohne Zeichnungen vieles aus dem Kopfe zu machen, was der Erdenker wollte und mit ihm besprach. Noch bis in die Mitte des vorigen Jahrhunderts sind ganze Häuser und Gehöfte ohne jede Zeichnung aufgeführt worden. Nicht minder sicher wußten die alten „Kunstmeister" Mühlen aller Art und Bergwerksmaschinen aufzustellen nach und ohne Zeichnung; auch ihnen stand lange Überlieferung zur Seite. Aber ihre Arbeit war Grobarbeit; daher lehnte es Boulton, der Watts Dampfmaschine zum Industrieerzeugnisse machte, ab, diese Maschine den Mühlenbauern in Lizenz zu geben, da sie genaueste Werkstattarbeit forderte.

8. Der neuartige Maschinenbau in Eisen, der sich die Gesetze der Dynamik in einer Weise zu Diensten gemacht hat, von der die „Kunstmeister" keine Ahnung hatten, ganz abgesehen von Kondensation und Expansion u. a., dieses Bauwesen, das den „Ingenieur" schuf, brauchte auch neue bisher unbekannte Bauformen und Arbeitsmethoden, die zunächst nur in den Köpfen der Erfinder eine Stätte hatten. Daher mußten diese ihre Neuheit in der Regel selbst anfertigen oder die Helfer stetig überwachen. — Wir müssen höchste Achtung haben vor den Männern, die damals begannen, die Arbeiter für dieses neue Baugebiet anzulernen, insbesondere sie die Zeichnungen lesen zu lehren, denn sie sind das billigste Mittel, um sich dem Mitarbeiter und Helfer verständlich zu machen. Auf vielen der alten Risse sind allerlei schriftliche Vermerke; und Gesamtansichten und -schnitte waren in Beleuchtung und Farbe, wie heute noch viele architektonische Entwürfe, künstlerisch durchgeführt, um ein möglichst plastischanschauliches Bild zu geben. Die mangelnde Lesefertigkeit der Arbeiter für Risse machte solche Zutaten nötig, deren letzte Ausläufer gegen 1900 der „Schattenstrich" und die Schlagschattenandeutung auf Rundem waren. Längst werden Risse ohne diese Zutaten verstanden, und selbständig stehen Risse neben dem Worte als Ausdruck exakten räumlichen Denkens.

„Ein außerordentlicher Fortschritt ist es, der sich in der Vorstellungs- und Ausdrucksweise seit 100 Jahren vollzogen hat;

ein Fortschritt, der nur selten im vollen Maße gewürdigt wird, sich aber getrost manchem vielgerühmten Fortschritte an die Seite stellen kann." So Riedler in seinem "Schnellbetrieb", Kapitel "Expreßpumpen", 1899. Daselbst sind auch alte Zeichnungen von 1804 mitgeteilt. — Photographisch getreue Maschinenzeichnungen bald nach 1900 finden sich auch in den "Beiträgen zur Geschichte der Technik und Industrie", Bd. 1 und 4, herausgegeben von Professor C. Matschoß; desgleichen in dessen "Entwicklung der Dampfmaschine", 1. Bd. — Von 1836 ab ist die Wiener "Allgemeine Bauzeitung", herausgegeben von Förster, bis 1864 eine geschichtliche Fundgrube auch für Maschinen-, Apparate- und Brückenbau (nur ausgeführte Arbeiten, darunter viele Brücken in Gußeisen) und in welcher Art man damals solche Sachen zeichnerisch (nur in Schwarz) darstellte und veröffentlichte.

9. Von der polytechnischen Schule zu Paris aus ging die "darstellende Geometrie" in die Welt. In Deutschland wurde sie durch die technischen Schulen dem Nachwuchse der Bauleute übermittelt, aber "die Universitäten nehmen gegenwärtig noch keine Notiz davon", ist in der "Enzyklopädie der Wissenschaft und Künste", 59. Teil, 1854 (Verlag Brockhaus), zu lesen. — Bis in die 80er Jahre hinein begann der Unterricht allgemein mit den abstrakten Formen Punkt, Linie, Fläche; ja noch gegen 1920 wurden, vereinzelt, angehende Fortbildungsschüler in dieser Weise eingeführt in das Projektionszeichnen; eine Art, die nur der schulisch sehr erfahrene Lehrer wagen kann. Aber "es hat uns nicht gefallen" blieb als Erinnerung bei den Schülern zurück. — Seit etwa 1890 setzte leise die Verschiebung zugunsten des handgreiflichen Beginnes ein, wozu auch die bessere zeichenpädagogische Ausnützung der Perspektive gehört, die trotz Riedler (1896) lange Zeit verspottet und als Spielerei angesehen wurde, bis der "Deutsche Ausschuß für technisches Schulwesen", seit 1908, dafür eintrat[1]).

Ein Mangel bestand noch: die Einheitlichkeit in der Anordnung der Risse fehlte. Auf den wirtschaftlichen Schaden dieses Mangels hat wohl auch zuerst Riedler 1896 nachdrücklich hingewiesen und Beispiele angegeben. Doch erst 1917 trat

---

[1]) Jüngste eingehende Äußerung dafür von Dr.-Ing. Scheibe unter Hinweis auf Geh.-R. Klopfers gleiche Bestrebungen. Z. f. gew. U. Juni 1922, Umschlag S. IV.

Abhilfe ein. — Der Weltkrieg gab vor allem uns die Lehre, daß wir uns äußerster Energieersparnis befleißigen müßten. Daher entschloß sich die Industrie zu einer möglichst weitgehenden Verwendung von Normalteilen und -erzeugnissen. Die große Vereinheitlichung durchzusetzen, wurde dem am 22. Dezember 1917 in Berlin begründeten ,,Normenausschusse der deutschen Industrie" übertragen. Dieser gab auch Normen für Zeichnungen heraus, so auch die für die Anordnung der Risse, ,,wie die darstellende Geometrie es lehrt" (§ 12, 2).

Die Schule hat das Amt, die Jugend auf diese Anordnung einzuüben als auf eine aus Wirtschaftlichkeit angenommene Festlegung, deren es schon längst manche gab[1]). Erst von diesem festen Boden aus sind Abweichungen zu betrachten.

Wie die Wissenschaft aus einer ursprünglich geheimen Lehre zu einer durch die Schulen allgemein zugänglichen wurde, so geschah es mit diesem Zeichnen. Es blieb das am längsten gehütete Wissen, im Mittelalter so streng gehütet, daß nach Vollendung manches Baues die Risse vernichtet wurden. Heute haben wir die Erkenntnis, daß die darstellende Geometrie, als die Lehre von der Wiedergabe der Raumgebilde auf der Ebene, insbesondere auch als Projektionszeichnen, in unserem klassischen Zeitalter der Naturwissenschaft und der Technik für jedermann ein Bildungs- und Ausdrucksmittel von realem und formalem Werte ist, das uns nötig ist zu gegenseitigem Verstehen, wie eine universale Sprache. — Für das starke Wirken des ,,Vereins deutscher Ingenieure" in diesem Sinne schon vor 1900, außer dem Gewerbeschulverbande, gibt die Denkschrift über ,,die preußische Oberrealschule" genügende Auskunft. Sie gibt zugleich einen Abriß der Entwicklung der gewerblichen Schulen in Preußen[2]).

§ 31. Das vollständige Projektionstafelsystem. — Das einfache Projektionseck genügt für die Unterstufe, für die Oberstufe nicht. Das Dreitafelsystem, das die darstellende Geometrie benutzt, mit den 2 · 4 Eckräumen um den Schnittpunkt der 3 Achsen und Tafeln, ist für den Bedarf des Maschinenbaues durch

1. *eine vorteilhaftere Gruppierung* der acht Ecke und der Tafeln ersetzt worden: sie sind im Hohlwürfel vereinigt. Der Gegenstand ist im Würfel befindlich zu denken, und der Beschauer

---

[1]) Z. f. gew. U. vom 1. März 1920.
[2]) Z. d. V. d. I. 1898, Heft 36.

auch, damit er gegen jede Tafel sehen kann (nicht durch). Die Hinterwand ist dann stets II, der Boden stets I. Beim Auseinanderklappen der Tafeln entsteht das bekannte kreuzförmige Würfelnetz; dabei erhält II stets die Kreuzungsstelle als Vorderansicht, an welche sich die Sr links und rechts nebst der Rückansicht reihen, während die Aufsicht nach unten und die Untersicht nach oben klappt. — Ob die Rückansicht am linken oder rechten Sr sitzt, immer steht sie richtig und aufrecht; an der Auf- oder Untersicht würde sie auf dem Kopfe stehen.

So ergibt sich die Anordnung der Risse nach der „Norm" (Abb. 66a), d. h. das von oben Gesehene ist unter II,

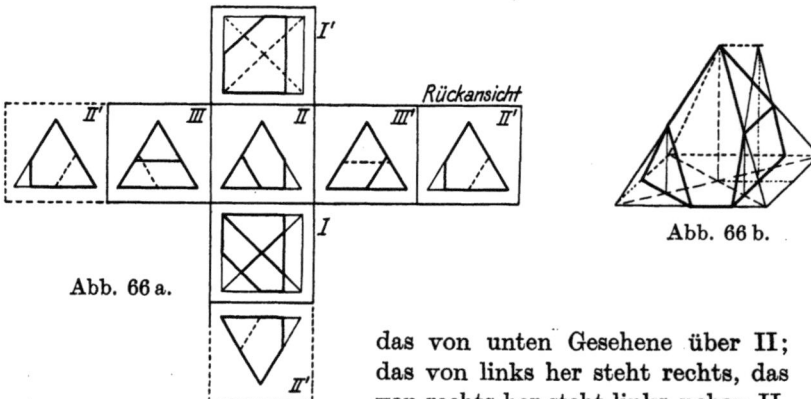

Abb. 66a.

Abb. 66b.

das von unten Gesehene über II; das von links her steht rechts, das von rechts her steht links neben II.

Die „Rückansicht" zählt hier nicht mit, dafür wird sie stets als solche besonders bezeichnet.

Zum anschaulichen Klarmachen ist das einfache Modell (Abb. 66b) sehr geeignet, da es von sechs Richtungen gesehen doch recht verschiedene Rißbilder gibt, an denen nun ein ganz zuverlässiges

äußerliches Kennzeichen der richtigen Anordnung und Stellung deutlich ist: bei den unmittelbar an II liegenden 4 Rissen ist vorn immer wegwärts von II. Dieses Kennzeichen, in der Anordnung nach dem sog. deutschen Verfahren, ist wertvoll, wenn ohne Projektionsachsen gezeichnet wird.

2. *Nach dem sog. „amerikanischen" Verfahren* steht das Modell (Abb. 66b) in einem Glaswürfel, und der Beschauer sieht von außen senkrecht durch die Tafeln. Die Vorderwand des Würfels

ist dann II, und das von unten Gesehene erscheint in der Bodenfläche, das von links Gesehene links usf. Beim Auseinanderklappen, mit II als Mitte, sind dann (Abb. 66a) die I und I', III und III' zu tauschen; das **äußerliche Kennzeichen** für die richtige Stellung der Risse ist: vorn ist nach II zu gelegen. — Bei Hilfsrissen wird diese Art zuweilen benutzt bei uns, die erst bekanntgegeben werden mag, wenn unsere „Norm" sicher sitzt.

3. Das in § 11, 1 samt Anmerkung und in § 17, 1 schon Gesagte ist zu wiederholen, und längere Zeit ist beim Zeichnen auf einzelnes davon wieder zurückzukommen. — Besonders bei vorn und hinten deute der Lehrer in den späteren Arbeiten öfter mit dem Finger auf dem Fußboden und an der Seitenwand des Zimmerecks an, wo dieses räumlich zu denken ist in den Rissen. — Er warne auch vor der Verwechslung der Rückansicht mit dem Spiegelbilde der Rückseite.

1. Stellungen und Bewegungen.

§ 32. Die Lagen einer Geraden im Raume. — Falls der Lehrer auch das Freihandzeichnen in seiner Hand hat, so können diese Erörterungen (mit freihändigen Skizzen) aus der allgemeinen Stereometrie den Anfang des Freihandzeichnens bilden, also während der erste Bogen geometrischen Zeichnens erledigt wird. Der Exkurs über die Projektionstafeln geht voran. Unbedingt ist mit diesen Lagen der Geraden zu beginnen; Skizzen genügen.

Unter der Geraden soll sich der Schüler weniger die kürzeste Entfernung zwischen 2 Punkten oder ein straffes Haar vorstellen, sondern die Lage oder Richtung, die durch die Mittellinie einer Figur, oder die Längskanten eines Prismas, oder die Achse eines Umdrehungskörpers, oder einer Pyramide usw. bestimmt ist. — Unter Raum ist das Projektionseck gemeint.

Also: **Welche Lagen zu den Tafeln und Achsen kann eine Gerade einnehmen?** — Als Modelle dienen ein Stab und die Zimmerecke.

1. *Der Stab hängt lotrecht.* — Dreierlei richtige mündliche Antworten als Ergebnis denkenden Sehens: parallel zu z, parallel zu II und III, senkrecht zu I.

Aussehen der Risse? (Auf dem Fußboden, an den zwei Wänden.) Erst mündliche Antwort der Schüler, danach skizziert der Lehrer den Fall perspektivisch an die Tafel und gibt dazu die Risse (schematisch) Abb. 67a.

Es werden im Skizzenbuche 3 + 3 + 4 Fälle, Perspektive und Riß, nötig — also einteilen lassen.

Hierauf der Stab parallel zu x und parallel zu y. — Ergebnis: Nur andere Verteilung des schon Gefundenen in den Rissen. — Vorskizzieren der Perspektive, die Risse haben die Schüler selbst zu finden.

Feststellung. „Grundstellung" oder parallel zu zwei Tafeln; zwei Risse parallel zur selben Achse; ein Riß ein Punkt.

Frage: Zeigen die Risse wahre Länge (wL) der Geraden? (Ja.) — Beweis: Gerade und Riß und 2 Projizierende bilden ein Rechteck; oder kinematisch: Wird die Gerade parallel auf die Tafel zu bewegt, so deckt sie sich mit dem Risse.

2. Der Stab geht aus der Lotlage über in eine schräge, bleibt aber parallel zu II. (Zweierlei Lagen, die ein Kreuz bilden würden.)

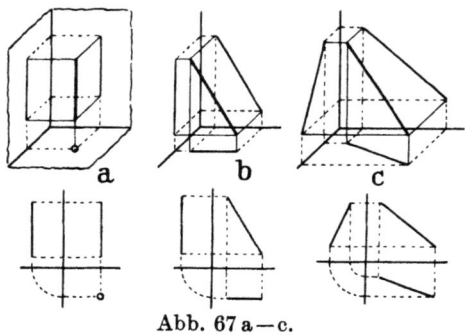

Abb. 67 a—c.

Aussehen der Risse? (Mündlich von dem Schüler.) Vormachen der Perspektive (Abb. 67b); danach der beiden anderen (Gerade parallel zu I, parallel zu III). Die Schüler suchen die Form der Risse selbst.

Feststellung. Die g ist parallel nur einer Tafel, oder ist „einfach geneigt", oder hat „Hauptlage" (§ 35Ba), 2 Risse parallel zu 2 verschiedenen Achsen; im Schrägenrisse wL (Beweise wie vorhin) und wahre Neigung (wN) der g. (Beweis am besten kinematisch mit dem 60°-Dreieck.)

3. Der Stab beschreibt, oben festgehalten, mit seinem Fuße einen Kreis. — Welche Fläche erzeugt er im Raume? — Seine 4 verschiedenen Lagen zwischen den vier verschiedenen Stellungen nach Abb. 67b sind herauszuholen.

Aussehen der Risse? ... Perspektive Skizze der Abb. 67c. — Lage der g: „von rechts unten vorn nach links oben hinten". Danach die 3 anderen Lagen usw.

Vorkommen der 4 Lagen an den Schrägkanten der geraden quadratischen Pyramide in Frontstellung.

Feststellung. Die g ist parallel keiner Tafel — nur schräge Projektionen und alle verkürzt.

4. Zusammenfassung. Im Raume, der durch die 3 Projektionstafeln bestimmt ist, sind nur dreierlei Lagen einer Geraden (also auch eines Körpers) möglich: a) parallel zu 2 Tafeln; b) parallel zu einer Tafel; c) parallel zu keiner Tafel.

Vergleich der Risse von a, b, c zwecks Aufsuchung der Merkmale, um schon in 2 Rissen die Lage einer Geraden (oder eines Körpers) zu lesen.

Für a) 2 g parallel nur einer Achse oder eine g und ein Punkt als Risse: Grundstellung.

Für b) 2 g parallel je einer Achse (selten gegeben) in der Regel eine g parallel einer Achse und daneben die geneigte g: einfache Neigung oder Hauptlage. — Diese beiden Risse sind als Merkmal gut einzuprägen (Bleistift als Modell) durch immer wieder danach fragen, weil sie auch genügendes Kennzeichen sind für die wL und wN einer Geraden, die aus der allgemeinen Schräglage oft genug entwickelt werden müssen.

Für c) 2 schräge g als Risse nebeneinander bedeuten immer allgemeine Schräglage.

§ 33 A. Lagen einer geraden quadratischen Pyramide im Raume. — Was nicht sofort angewandt wird, bedeutet für des Schülers Kraft keinen Fortschritt. Dieser besteht vorläufig noch lange nicht im Aufnehmen einer möglichst großen Stoffmenge als vielmehr im Wirtschaftenlernen mit dem Gegebenen, Bekannten. — Das in § 32 dem Schüler anschaulich Mitgeteilte, aber an sich Abstrakte, soll an Pyramide, Prisma, Zylinder veranschaulicht werden, d. h. der Körper soll von einer Grundstellung aus in die einfach geneigte und von dieser in die allgemeine Lage übergeführt werden. Es sind also Ergebnisse von Bewegungen aufzureißen.

Die Bewegung ist mit dem Körper im Projektionseck unbedingt vorzumachen. — Später wird der Lehrer schon merken, wo ein ganz simples Modell oder gar nur die Mimik seiner Hand genügt, um die richtige Vorstellung zunächst zu wecken. Denn darauf kommt es zuerst an; danach wird die Frage gestellt: Wie wird das gezeichnet?

Die Pyramide hat für den Anfang den Vorzug, da nur mit 5 Projizierenden zu arbeiten ist; sie gibt auch durch ihre Spitze deutlich eine Richtung kund. — An Modell und perspektiver Tafelskizze ist sie erst geometrisch kurz zu betrachten, auf Anwendungen ist hinzuweisen, Benennungen sind aufzufrischen. — Es wird sofort aufs Brett gezeichnet.

1. *Aufrechte Grundstellung*, in Front. — Die mündliche Antwort über das Aussehen der Risse „ein Quadrat als Gr" ist ungenügend (Abb. 68a).

Leseübung. Wenn an der Pyramide die Diagonalen der Grundfläche und die Mittellinien (Höhen) der Seitenflächen mitbeachtet werden — welche „Lagen von Geraden im Raume" sind dann vertreten? (Die drei a-Lagen bei Höhe und Grundkanten; die drei b-Lagen bei den Diagonalen und den Seitenhöhen; die vier c-Lagen bei den Schrägkanten.)

Sind wL vorhanden? (Alles, was a- und b-Lage hat.) — $\sphericalangle \alpha$ ist Neigungswinkel der Seiten (wN), da Grund- und Seitenfläche als Linie erscheinen.

2. *Drehung der Pyramide* um ihre Höhe als Achse bis zur Übereckstellung. — Ansatz der neuen Risse? (Vgl. § 18.)

Woran erkennt man in den Rissen, daß jetzt 2 Schrägkanten ihre wL zeigen? (Merkmal siehe § 32, 2 oder Abb. 67b.) — Konstruktion einer Seitenfläche aus Grund- und Schrägkante. (Durch einen Schüler an der Tafel, ein anderer macht daraus den Mantel fertig [§ 19].)

Abb. 68a' als Aufgabe. — Rotte 2 nimmt im Gr die 30° rechts. — Welche Schrägkante ist in II zu stricheln?

3. *Einfach geneigte Lage*, d. h. die Pyramidenachse ist nur parallel zu II; erreicht durch „Kippen" der Frontpyramide, d. i. Drehung um eine Grundkante. — **der Ar ändert dabei seine Form nicht**, bildet also den Ansatz; **die unverändert gebliebenen Tiefenabstände** (in I) von II und die neuen Breiten der Kipplage ergeben den neuen Gr (Abb. 68b).

Rotte 2 kippt nach links. — Sr suchen. — Rotte 1 sieht gegen III an den Boden, Rotte 2 gegen die Spitze der Pyramide!

4. *Die vier allgemeinen Schräglagen der Pyramide*, gekennzeichnet durch die Achse der Pyramide. — Der Lehrer gibt dem Pyramidenmodell die Lage Abb. 68b; „diese Neigung bleibt unverändert" bei der Drehung um eine gedachte lotrechte Achse

Lagen einer geraden quadratischen Pyramide im Raume.

(wie beim Ausleger eines Kranes etwa). Alle Gr innerhalb der Kreisbewegung behalten ihre Form, und alle Höhen bleiben unverändert. Diese 2 Faktoren bilden den neuen Ansatz.

Ausführung durch die Klasse. Einteilen nach Rotten 1—4; an der Tafel das Schema N 1—4, dessen Pfeilspitzen die Lagen des Gr andeuten; die Zahlen sagen jeder Rotte, welche Richtung ihr zukommt. — Jeder Schüler nimmt seinen soeben fertig gewordenen Gr und gibt dessen Mittellinie 30°, 45° oder 60° Lage. Die neue Lage des Gr liefert die Breiten, der alte Ar die Höhen für den neuen Ar, der als erster Riß entsteht. — Abb. 68c zeigt

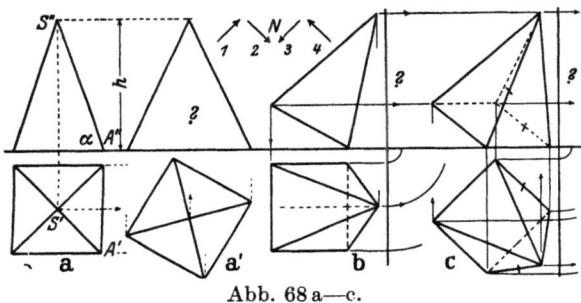

Abb. 68a—c.

als Beispiel an der Tafel das Verfahren für Rotte 2; der Sr ist von den Schülern noch zu suchen.

Das ist eine Aufgabe in viererlei Form; der einzelne Schüler muß selbständig arbeiten und gewinnt von Anfang an Selbstvertrauen. Solch Arbeiten geht noch langsam, der Zeitverlust wird später sehr reichlich eingeholt.

Meistens wird es nötig sein, die Übertragung des alten Gr in die neue Lage vorzuskizzieren: 1. das Rechteck, 2. die Mittellinie, auf die die Spitze liegt. Trotzdem prüfe der Lehrer beim einzelnen, daß er wirklich seinen alten Gr benutzt hat! Auch sehe er beim Durchgehen während des Arbeitens nach, daß die im Gr gestrichelte Grundkante, auf der die Pyramide ruht, im Ar auf der x-Achse liegt! Entdeckt er aber einen Fehler, so setze er ihn, zunächst stillschweigend, an die Tafel und lasse ihn von der Klasse suchen. An Fehlern wird sehr viel gelernt!

Feststellung an den c-Rissen: Parallele Geraden der Wirklichkeit bleiben in jedem Risse parallel oder decken sich. Beweis die Grundfläche.

§ 33 B. Bewegungen einzelner Teile der Pyramide. — „Das technische Zeichnen macht sehr oft Gebrauch vom Herausziehen einzelner Teile eines Ganzen. Hier ist praktischer Zweck die Bestimmung der wGr dieser Teile, ohne daß der ganze Körper bewegt wird. Bei Abwicklungen wird solch Bestimmen eine Haupthilfe."

1. *Die wGr einer geneigten ebenen Figur.* Bedingung: Die Figur muß in einer Tafel als Gerade erscheinen. — Gedankengang: In Abb. 68a und a' hat die Grundfläche wGr in I, da sie in dieser Tafel liegt; es würde nicht anders sein, wenn sie ihr parallel wäre. Kennzeichen für die wGr in II: Die Projektion der Fläche liegt in x oder wäre parallel x. In Abb. 68b ist die Projektion in II geneigt, daher das Quadrat in I verkürzt erscheint. Würde die Projektion in II zurückgedreht bis x oder parallel zu x rechts gehoben, so würde in I die wGr wieder erscheinen. Damit ist das Verfahren gefunden:

Die schiefe Gerade, als Riß einer beliebigen ebenen Figur, wird um einen Punkt gedreht — der am besten auf ihr oder in ihrer Verlängerung liegt und der in den anderen Tafeln als Drehachse erscheinen würde — bis sie parallel einer Projektionsachse ist. Die Figur selbst ist dann parallel der hier angrenzenden Tafel und erscheint in ihr in wGr.

Zwei Ausführungen in Abb. $68d_1$. Oben parallel zu III, unten in I hineingelegt. — Vormachen mit dem Holzdreieck. — Auf diese Weise könnte eine Pyramidenseite ermittelt werden als Anfang zum Mantel. — Der Schüler sieht leicht ein, daß ein Kreis parallel zu II, in I als Gerade parallel zu x erscheinen und daß daher der Kreisweg in Abb. $68d_1$ ebenfalls in I wagerecht verlaufen muß. (Ein Kreis in II projiziert sich nach x; parallel zu II erscheint er also in I parallel zu x.)

2. *Die wL und den Neigungswinkel einer allgemein schrägen Geraden* zu finden, z. B. einer Schrägkante aus Abb. 68a, durch Rückführung der c-Lage in die b-Lage (Abb. 67). — Das Verfahren ist in Abb. $68d_1$ zweimal mitenthalten, fällt aber mit einer einzelnen Geraden dem Schüler schwerer, da sein Sinn noch zu sehr am Handgreiflichen hängt.

Abb. $68d_2$ zeigt andere Lage des Verfahrens, gut zu veranschaulichen durch Drehen eines Zeichendreiecks um die lotrechte Kathete als Achse; die Hypotenuse ist die Gerade. β ist der Neigungswinkel mit I. Abb. $68d'_2$ ist perspektivische Darstellung, die der Schüler nicht mit zeichnet.

Abb. 68 d_3: Man kann dieses Dreieck (Abb. 68 d_2) aus der Pyramide unmittelbar herausholen und irgendwohin setzen. Pyramidenhöhe und die halbe Diagonale sind die Katheten usw. Die Maße sind aus Abb. 68a entlehnt.

Abb. 68 d_4: Die Gerade wurde parallel zu I gedreht. In I erscheint daher die wL und Winkel γ als Neigungswinkel mit II. — Abb. 68 d'_4 veranschaulicht das Vormachen mit dem Zeichendreieck. (Eine andere Bestimmung der wL und des Neigungswinkels einer Geraden in c-Lage in Abb. 181.)

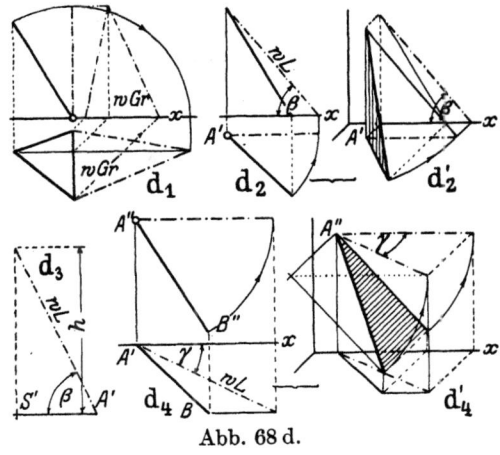

Abb. 68 d.

Diese Übungen, Abb. 68, mit einer Pyramide von 30/60 mm, der übereckstehenden Pyramide, Mantel und den Sr zu b und c nebst einer Aufgabe wie d_1, nehmen das obere Drittel eines Querformates ein vom Arbeitsfelde 36:50 cm. Die unteren zwei Drittel sind einer Wiederholung zugedacht (§ 34). — Sachen wie d_1, d_2 und d_4 sind auf dem fertigen Bogen als Lückenbüßer unterzubringen.

§ 33 C. Risse des rechten Winkels. Da dieser Winkel der technisch wichtigste ist, so kann schon jetzt, an Hand der Pyramidenrisse, eine Eigenheit desselben festgestellt werden, die kein anderer Winkel mit ihm teilt.

Wenn der rechte Winkel mit einem Schenkel parallel einer Tafel und seine Ebene auch geneigt ist zu dieser Tafel, so erscheint er doch in dieser stets als rechter.

Vormachen, indem man ein Dreieck mit einer Kathete an die Wandtafel legt und es um diese Kathete dreht. Die andere Kathete beschreibt dabei einen Kreis, der sich als Gerade in die Tafel projiziert.

Abb. 68a und a' ist die Pyramidenhöhe der parallele Schenkel zu II; unzählige andere Schenkel sind in der Grundfläche enthalten. — Im Ar von Abb. 68b ist die Höhe als paralleler Schenkel geneigt, und auch hier ist die Grundfläche Ort der anderen Schenkel.

Das Gegenstück. Der Winkel der Schrägkante an der Spitze mit der Höhe der Pyramide (d. i. mit dem parallelen Schenkel) ist in Abb. 68a und zweimal in der fertigen Abb. 68a′ anders als die wN in der Übereckstellung der Pyramide.

§ 34. Die Übung mit der Pyramide ist mit einem anderen Gegenstande zu wiederholen. — Die Abb. 68a, b, c stehen als Muster, nach welchem der Schüler selbständig arbeiten soll. Der Lehrer gibt die Maßperspektive, dazu als eigentliche Aufgabe, die Anordnungsskizze, wie Abb. 68 A (die kleinen Zeichnungen). — Für die b-Lage können 2 Rotten, für die c-Lage 4 Rotten angenommen werden. Schnellere Zeichner haben den Oberteil des Körpers so zu gestalten, wie die rechts stehenden Perspektiven andeuten.

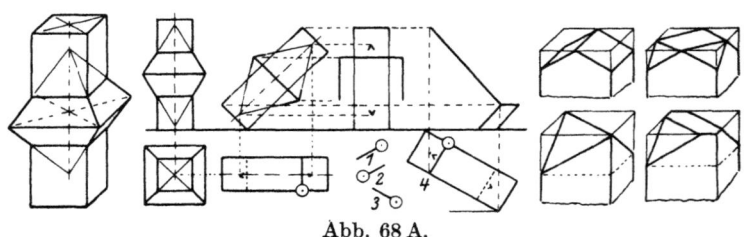

Abb. 68 A.

Arbeitsregel. Von dem fertigen Ansatzrisse aus — z. B. von dem gekippten Ar aus, oder vom Gr der c-Stellung (mit der 4.) aus — sind keinesfalls als erstes von allen Punkten aus die Projizierenden zu legen; das gibt bei 4. einen Wald, in dem sich der Schüler unbedingt verirrt. Die Übersichtlichkeit spart Zeit und Fehler. Daher sind Prisma und Doppelpyramide in allen Rissen zuerst feinlinig zu entwickeln. — Da Parallelen stets als solche erscheinen, so kann manche Projizierende überhaupt wegbleiben, wie z. B. in 4., wo 3 Langkanten im Ar jetzt parallel abgeschoben werden; ihre Enden oben sind durch 2 Höhenlinien bestimmt. — Verdeckte Kanten mitzeichnen.

§ 35 A. Grundbegriffe über Ebenen. — Die Schüler haben bis jetzt nur „begrenzte" Ebenen oder geometrische Figuren verarbeitet. Sie sollen jetzt kurz aus der allgemeinen Stereometrie etwas hören oder wiederholen über die „endlos" gedachte. Also, wodurch die Lage einer Ebene bestimmt ist; über die 3 möglichen wichtigsten Lagen dreier Ebenen und der Lage ihrer Schnittlinien zueinander usw.

Die windschiefe Fläche ist bestimmt durch 2 Geraden, die weder einander parallel sind noch sich schneiden — sie „kreuzen" sich nur. — An einem windschiefen Reißbrett kann man zeigen, daß in den Richtungen der Kanten Geraden vorliegen, aber in Richtung der Diagonalen nicht.

§ 35 B. Lagen von Ebenen im Raume, d. h. im Projektionseck, vorgemacht mit einer Pappe im Tafelmodell; mit mindestens den Skizzen der Abb. 69a, b, c, aber ohne Reinzeichnungen. Die

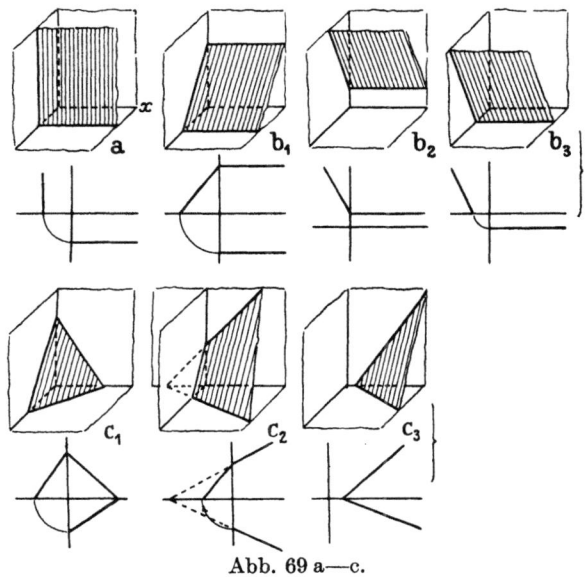

Abb. 69 a—c.

Lagen der Ebenen können in den Rissen nur durch ihre „Spuren" gekennzeichnet werden.

a) 3 Hauptlagen oder eine Ebene ist parallel 2 Achsen oder senkrecht zu einer Achse. — Abb. 69a gibt nur parallel x und z. Es käme dazu parallel x und y und parallel y und z.

Kennzeichen solcher „Hauptebenen": Die 2 Spuren sind parallel zu zwei Achsen, oder beide sind senkrecht zur dritten Achse.

Jede gerade oder krumme Linie, die in einer solchen Hauptebene liegt, heißt „Hauptlinie". Sie erscheint in einer Tafel in wahrer Gestalt und Größe, in beiden anderen projiziert sie sich in die Spur.

b) **Einfach geneigte Lagen** oder die Ebene ist parallel nur einer Achse oder senkrecht zu einer Tafel. In Abb. 69 b_1, b_2, b_3 ist sie parallel zu x und senkrecht zu III; es kämen also noch die 3 Lagen parallel zu y und parallel zu z hinzu.

Kennzeichen in den Rissen: Es ist stets nur eine schräge und mindestens eine parallele Spur zur Achse vorhanden; die schräge gibt die wN der Ebene an. — Die Schüler mögen mündlich angeben, in welcher Gestalt sich Figuren auf solchen Ebenen in die Tafeln projizieren.

c) **Allgemeine Schräglage** oder die Ebene ist parallel keiner Achse. Abb. 69 c_1, c_2, c_3 sind 3 Möglichkeiten; je 2, c_2 und c_3 entsprechende, kämen noch für die y- und z-Achse in Frage.

Kennzeichen: Es sind nur schräge Spuren vorhanden. — Jede Linie oder Figur auf solcher Ebene erscheint in den Tafeln verkürzt.

Vorkommen. Abgesehen vom Vorkommen solcher Lagen an den geometrischen Körpern werden diese Ebenen in der darstellenden Geometrie und im technischen Zeichnen oft benutzt als Hilfstafeln und als „Schnitte" durch Körper. — Die meisten Grundrisse von Gebäuden sind Schnitte mit wagerechten a-Ebenen; manche Ventilgehäuse werden überhaupt nur in den Schnitten der 3 a-Lagen dargestellt. — Die b-Lagen sollen schon ab § 36 als Hilfstafeln auftreten, und sie werden später in den Übungen „ebene Schnitte" einen wesentlichen Teil derselben vertreten. Es wird aber in den angewandten Fällen in der Regel auf die besondere Angabe der Spuren verzichtet. Doch müssen die der c-Lage gegeben sein für gewisse Schnittübungen, die aber in angewandten Fällen kaum in Frage kommen für diese Schüler. Als begrenzte Fläche ist die c-Lage meistens leicht zu bestimmen; so kommt sie schon in den Schrägansichten Abb. 22—25 vor.

§ 36 A. Fortsetzung der Übungen „Stellungen und Bewegungen". — Benutzung von geneigten Projektionstafeln.

1. *Gewinnen der Schrägansicht ohne Drehung des Gr* (s. Abb. 22, 68 a'). An die Stelle der üblichen III ist eine zu II geneigte getreten, die über y' stehend zu denken ist. Das Eck wäre also nicht mehr rechtwinklig. — Abb. 70 zeigt 2 gleiche Risse III': Dreht man die neue Tafel um die z herum, so steht der Sr, d. h. jetzt die Schrägansicht, neben dem Ar wie sonst; er entstand

auch nicht anders wie auf der sonst üblichen III. — Im anderen Falle geschah der Projektionsvorgang auch im Sinne der Norm; das Umklappen des Sr um die y' forderte ein Herum-

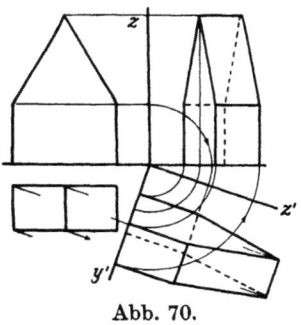
Abb. 70.

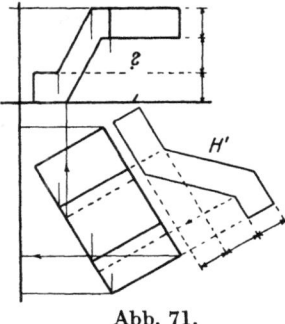
Abb. 71.

nehmen der Höhen von der z auf die z'. Wird ohne z gearbeitet, dann sind die Höhen aus II mit dem Zirkel senkrecht auf die y' zu setzen.

In Abb. 71 hat dasselbe Verfahren ein anderes Gesicht. — Wenn in Abb. 70 die y'- als x-Achse angesehen wird (Zeichnung entsprechend drehen), so steht der Gr sofort schräg zu ihr, und der unbedingt nötige erste Giebelriß ist Hilfsriß als Höhengeber geworden. — So steht es jetzt in Abb. 71: H' ist der in I hineingeklappte kennzeichnende Hilfsriß zu dem schräg stehenden Umrisse des Gr, der von H' aus erst fertiggemacht wird. (Vormachen auf dem Pulte mit gekniffenem Pappstreifen als Modell und einem Blatt Papier als H'.) Auf das zu Suchende weist die Zeichnung hin, d. h. mehr zeichne auch der Lehrer nicht vor.

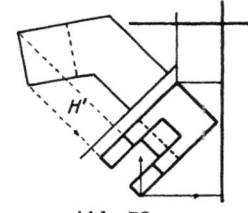
Abb. 72.

Abb. 72 ein anderes Beispiel. („Kennzeichnend" s. § 12, 1 und 2, § 14 und Text zu Abb. 29.)

2. Schwieriger für die Einsicht des Schülers gestaltet sich stets das Entwickeln der

Kippstellung, wenn also der Hilfsriß in II hineinzuklappen ist (Abb. 73). — Vorhin lieferte der H die Höhen, jetzt sind ihm die Tiefen, d. h. die Abstände von II zu entlehnen. Dieser Fall muß eingehend vorgemacht werden.

Gang der Arbeit. Gedacht ist ein Vierkant von beliebigem Querschnitte, damit die Schüler die exakte Tafelvorarbeit nicht kopieren. „Nur das Verfahren wird vorgemacht."

Die Längsrichtung ist parallel zu II (b-Lage), also werden die Längskanten in I zu x parallel liegen! Ansatz ist der Umriß vom Ar. H'' ist senkrecht **zur Längsrichtung** desselben zu setzen.

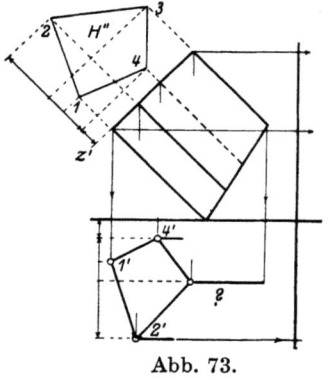

Abb. 73.

Nun läßt der Lehrer von einem Schüler ein Prisma vor den Ar halten; er selbst gibt mit der linken Hand einer Pappe die (dachartige) Lage der H'', welche als z' auf der II erscheint. Mit der rechten Hand zeigt er, wie, **gegen H''** projizierend, dort der Querschnitt entsteht (als kennzeichnender Riß) und wie, **gegen II** projizierend, die Abstände von vorn nach hinten (von der II) in H'' liegen; ferner welche Richtung diese einnehmen auf H'', wenn sie in II hineingeklappt wird. (Hier ist der springende Punkt für das Verständnis des Vorganges.) Und daß diese Abstände auf dem Fußboden senkrecht zu x liegen. — Die Probe auf die gewonnene Einsicht ist der vom Schüler, nach **seinem freigewählten** Querschnitte — der kann auch L-, T-Form haben —, entwickelte Gr. — In H'' gilt als vorn wegwärts vom Ar.

Mit diesen 3 typischen Beispielen für Benutzung einer geneigten Projektionstafel, und Abb. 72 als Übungszugabe, ist das obere Drittel des Bogens Querformat gefüllt. Der übrige Platz bleibt für dieselben Übungen mit zylindrischen Formen (Abb. 74 bis 76).

§ 36 B. Der gerade Kreiszylinder geneigt. — Vorher Auffrischen von Benennungen; Frage nach der Gestalt der Risse bei senkrechter Stellung zu I oder II. Feststellen, bei Darbietung des Modells, daß bei geneigter Lage die Kreise in den Rissen als **Ellipsen** erscheinen können. Diese zu ermitteln ist jetzt die Aufgabe.

1. *Bei einfacher Kippstellung* (b-Lage) ist am Modelle zu beobachten, daß in I und II die Mittel-Ez des einen Risses die Grenz-Ez des anderen sind; wird das vergessen, so entstehen leicht Fehler

Der gerade Kreiszylinder geneigt. 91

in der Zeichnung. — Die Aufgabe (Abb. 74a) liegt hier genau so wie in Abb. 73, nur ist der Zylinder andere Einkleidungsform derselben, weshalb zur Lösung nun gedachte Längskanten, die Ez, dienen.

Gang der Arbeit, der die Schüler sofort exakt nachfolgen: Der Ar mit der Zylinderachse. — Festlegen dieser Achse in I nach Lage und Länge nebst Angabe der Zylinderstärke (die ja in jeder Lage sich zeigt). — Der H'', Einteilung der 8 Ez; die 3. (wegwärts vom Ar) ist vorn, wird auch in I mit der 7. festgelegt (Großachse der Ellipse). — Die Ez von H'' her im Ar eintragen, hierauf ihre Lagen in I mittels des Halbkreises. — Aufsuchen der Ellipsenpunkte (rechts) in I. — Da zwischen parallelen Ebenen Parallelen unter sich immer gleich lang erscheinen, so spart man Projizierenden, wenn in I die verkürzten Ez mit dem Zirkel von den schon gewonnenen Ellipsenpunkten aus abgesetzt werden.

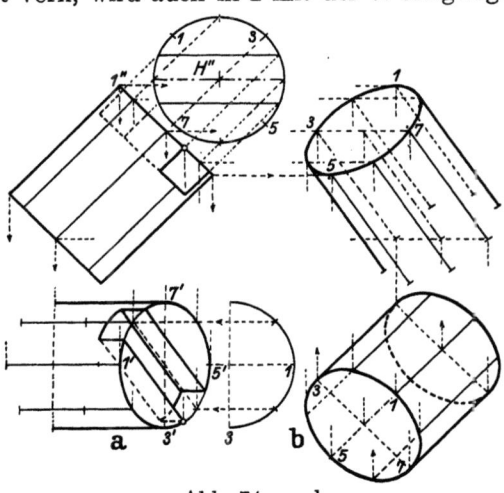

Abb. 74a u. b.

Für die schnellen Schüler ein Zusatz: Zapfen oder Schlitz am oberen Ende. (Für den Zapfen wird in I eine 3. Ellipse nötig.) Angabe desselben in H'' am besten weder in der Längs- noch in der Querrichtung, damit in I ein möglichst plastisches Bild entsteht. Da der Schlitz parallel zu 4—8 gelegt wurde, so kommt das in I wieder zur Erscheinung; auch braucht nur ein Eckpunkt (der angeringelte) herabgelotet zu werden, da in I die Abstände der zwei neuen Kanten, in der Deckfläche, von der 4—8 unter sich gleich bleiben müssen. — Das Warum dieser Gleichheit erläutert der Lehrer nebenbei durch eine Skizze: **Parallele Projizierende zwischen zwei sich schneidenden Geraden übertragen die Teilung der einen proportioniert auf die andere.** — Der Sr bleibt weg.

2. *Allgemeine schräge Stellung* (c-Lage) desselben Zylinders (Abb. 74b). (Zapfen oder Schlitz weglassen.) Wie bei der Pyramide (Abb. 68c) sind viererlei Lagen möglich. (Vormachen mit dem Modelle.)

Gang der Arbeit: Ansatz ist der alte Gr in neuer Lage mit allen Ez, Achse und Ziffern. Er liefert die Breiten für den neuen Ar, der alte Ar die Höhen zunächst für die Achse, der dann alle Ez parallel liegen, und für den voll sichtbaren Kreis. Es ist jetzt eine ganz mechanische Arbeit: 5 hinauf und 5 herüber, 1 hinauf und 1 herüber..., nur ist Sorgfalt nötig (schon beim Einrichten des Gr), damit die Ellipse keine Kartoffel wird. Die Lage der Grenz-Ez ist durch den Durchmesser zu bestimmen; hier sind nicht mehr die Mittel-Ez des einen Risses die Grenz-Ez des anderen. — Großachse der Ellipse auch hier senkrecht zur Umdrehungsachse. — Das übrige sagt die Zeichnung.

Zur Erläuterung für Abb. 74b genügt freihändige Skizze.

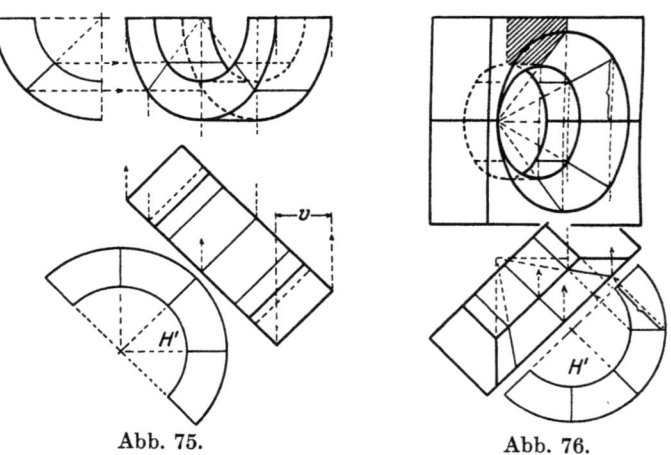

Abb. 75.   Abb. 76.

3. *Hohlformen.* Halbzylindrische Schale (Abb. 75). Umkehrung des Falles Abb. 74a, Auftreten von konzentrischen Kreisen. — Rotte 2 kehrt das Modell nach oben um. — Freihändige Skizze an der Wandtafel genügt.

Gang der Arbeit: Umriß des Gr, H' und Gr fertigmachen; oben den Hilfsriß wegen der Höhen; den voll sichtbaren Halbring zuerst machen...; $v =$ Verkürzung der Ez um den kleinen

Wald von Projizierenden zu meiden. — Die Schüler vergessen bei solchen Lagen überhaupt, die unsichtbaren Grenz-Ez deutlich zu machen, d. h. wenn diese Ez als Tangenten an Ellipsen auftreten. Man achte darauf auch späterhin.

Abb. 76, zweiteilige quadratische Platte; zylindrische Bohrung mit Fase. — Die 2 Ellipsen als Bilder der beiden Kreise am selben Kegel sind einander ähnlich.

Gang der Arbeit: $Gr + H'$; für den Gr ist der Oberteil des Modelles abgehoben. — Die Klammern deuten an, daß die Höhenmaße in II für die Kegelbasis aus H' zu holen sind (anderes Verfahren wie in Abb. 75). — Dann die Ez des Vollkegels in II, auf denen die Punkte der kleinen Ellipse liegen ...

Dieser Bogen enthält Übungen von sehr verschiedenem Aussehen, die aber für den nun „wissenden" Schüler von nur einerlei Art sind, insofern die a-, b- und c-Lagen von Geraden und Ebenen im Raume gleichsam die Grundformel abgaben. — Diese Einheit in der Vielheit soll noch in weiterer Gestaltung an den Schüler herantreten in:

§ 37. **Einige Anwendungsformen** des Bisherigen. — Abb. 77, Fuß eines Stativs. — Die Dreiteilung ist in I stets so zu legen, daß, wie z. B. hier, ein Fuß in II die kennzeichnende Form hat, aus welcher der Gr entwickelt wird in einfach und allgemein schräger Lage. Der Ar liefert die Höhen für die Schrägansicht (s. Abb. 24).

Abb. 78, Motiv: Ankerplatten. In Abb. 78 a kann

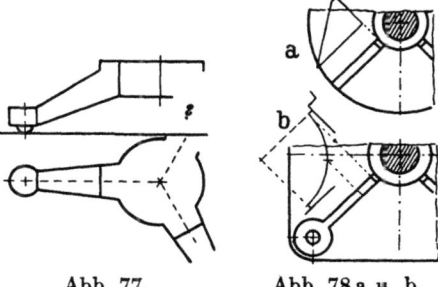

Abb. 77.   Abb. 78 a u. b.

auch eine quadratische Platte mit abgestumpfter Ecke benutzt werden; die Rippe reicht bis vor an diese Ecke. — Abb. 78b: Ar ist im Sinne von Abb. 75 zu entwickeln. Hier ist dem Schüler einzuschärfen: So, wie der Viertelkreis an seinen Enden ohne Knick in die wagerechte und lotrechte Tangente übergehen würde, muß es auch jede Viertelellipse im Ar tun. — Im Ar sind beide Rippen zu zeichnen. (Wegen der Hilfsrisse im Gr zum Vergleich Abb. 71, 72.)

Abb. 79, Motiv: Halbes Rohrkugelgelenk. Zu suchen ist der Gr oder Sr. — Die Klammern zeigen Tiefenmaße an, die in I senkrecht zu x (zum Vergleiche Abb. 73), in III senkrecht zu z sind; da ohne diese Achsen zu arbeiten ist, so ist von der Mittellinie des gesuchten Risses auszugehen. — Freihändige Skizze an der Tafel genügt.

Abb. 80, Motiv: Ventilkörper. — Die Aufgabe zeigt den Querschnitt eines Ringes und einer Nabe, verbunden durch 6 Bügel. (Bei solchem Mittelschnitte sind die seitlichen Bügel nicht- zu

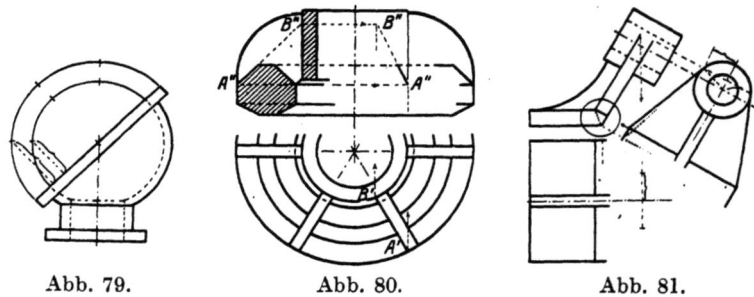

Abb. 79. Abb. 80. Abb. 81.

spalten, sondern als Ansicht zu zeichnen!) Volle Ansicht zu suchen, der Schnitt fällt weg.

Abb. 81, Motiv: Lagerböckchen. Gr fertigmachen. — Wenn ohne Modell gearbeitet wird, oder falls das nur auf dem Pulte zur Ansicht aller steht, so legen die Schüler sicher an der umringelten Stelle die falsche gestrichelte Kante ein, was im Sr zu einer windschiefen Fläche (sie ist angedeutet) führen würde. Die richtige Kante erscheint vorher im Sr als Eckpunkt, sobald die Schrägen an den Kreis gelegt sind.

Abb. 82, Motiv: Gußstück von einem Gießereikrane. Eine Nabe, an der 6 Zylinder wie Speichenstumpfe senkrecht zur Nabenachse sitzen, verbunden durch Rippen, so daß in I ein regelmäßiges Zwölfeck auf der Seite entsteht. Dessen Konstruktion ist leicht, wenn der umschließende Kreis gegeben ist (§ 9, 6c) von zwei 45°-Durchmessern aus. Es soll aber das Maß zwischen zwei parallelen Seiten gegeben sein.

Hier ist gute Gelegenheit für den Schüler, auf Grund der Ähnlichkeitslehre den zugehörigen umschließenden Kreis zu finden. Die Figur bietet links das Verfahren mit einem etwas größeren

Kreise, für den die Zwölfeckseite ermittelt wird. Dort, wo die Strahlen die Maßbreite schneiden, ist der zu suchende Radius mitgewonnen, samt der ersten richtigen Seite. (Diese Konstruktion ist genauer als die des Tangentenzwölfecks mit den 30°- und 60°-Seiten.)

Außer der Schrägansicht zweier Kreise, die wie in Abb. 75 ermittelt wird, soll aber der Schüler am Gr sehen, daß etwas Neues vorkommt. Er findet es an der Nabe: Verschnitt zweier Zylinderflächen miteinander, die „räumliche" Kurve einer Zylinderdurchdringung. Die Kurve wird im Ar genau so bestimmt

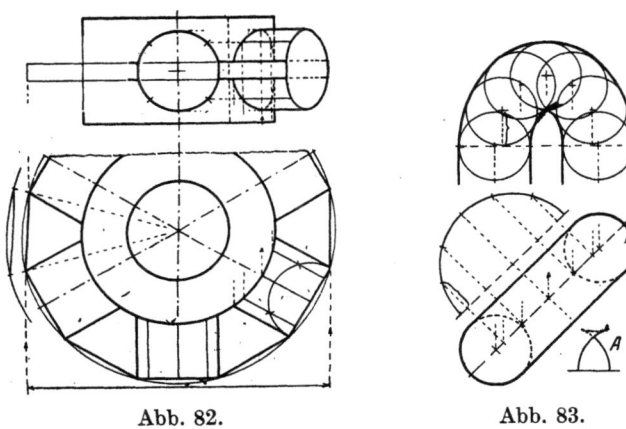

Abb. 82.   Abb. 83.

wie die Ellipse daneben, nämlich mittels der Endpunkte der Ez, weil sich der Verschnitt im Gr als Linie zeigt. — Ar fertigmachen.

Abb. 83, Motiv: Rohrkrümmer. — Schrägansicht der Krümmerachse, auf der eine Anzahl Punkte als Zentren von Kugeln eingeteilt werden (zuerst auf dem Hilfsrisse), deren berührende Umhüllung den „scheinbaren" Umriß ergeben in Gestalt von 2 „Parallelkurven" der Ellipse. Der eine Teil der inneren Kurve „überschneidet" den anderen, wodurch plastische Wirkung entsteht. Die innere Kurve hat 2 „Spitzen". Wie das zu verstehen ist, sagt nebenan Abb. A.

Die Beispiele, Abb. 77—83 füllen mehr als einen Bogen; es ist also eine Auswahl zu treffen.

2. Ebene Schnitte.

§ 38. Auf der Unterstufe, von § 12 ab, wurde schon das „Wegnehmen von Teilen", um neue Formen zu schaffen, als Schnittelegen angesprochen; und die übrigen Beispiele waren von leicht einzusehender Art. Für die Oberstufe gehört das **Schnittelegen, Bestimmen der wGr der Schnittfigur, Benutzen dieser oder eines Teiles derselben als Hilfe, zu den wichtigsten Übungen** des darstellenden Zeichnens. Es ist daher sehr gründlich durchzunehmen.

Als Einleitung ist **eine kleine Übersicht** für das Skizzenheft zu empfehlen, damit der Schüler erst im großen Zuge mit den neuen Aufgaben Fühlung nimmt. Hier wurde der Platzersparnis halber darauf verzichtet.

Auch die Schnitte mittels Hauptebenen, einfach und allgemein schrägen Ebenen (a-, b- und c-Lage) durch die geometrischen Körper sind, mit Ausnahme derer durch Kegel und Wulstring, unbeachtet geblieben.

Manche der eingekleideten Fälle sind beinahe „reine" Fälle, wie z. B. das einfache Rohrknie; die meisten verstecken diesen aber in mancherlei Drum und Dran, oder er tritt gehäuft auf, wodurch der ungeübte Blick irre wird. Gerade die Einkleidungen zeigen so recht, wie verschiedene äußere Gestalt das einzelne Schnittproblem annehmen kann, oft genug an ein und demselben Körper.

§ 39. Der einzelne Schrägschnitt an Prisma, Pyramide, Zylinder (freihändige Tafelskizze).

1. *Der Schnitt ist einfach geneigt zur Längslage des Körpers im Eck*, ist daher in einem Risse als Gerade gegeben. Diese Gerade ist parallel einer Projektionsachse bei einfacher Neigung des Körpers (Abb. 36b im Ar) oder schräg bei Grundstellung des Körpers (Abb. 84 in II).

Für die Prismen kämen in Frage die verschiedenen ebenflächigen Formeisen (L-, T- usw. Eisen). Die Schnittfigur ist leicht zu finden durch die einzelnen Schnittpunkte der Kanten. — Bei a-Lage des Schnittes entsteht seine wGr ohne weiteres, bei b-Lage ist sie zu bestimmen nach den Verfahren Abb. 38a, 68d_1, 84, oder es ist die Umkehrung von Abb. 73 zu wählen, so daß die wGr als H'' entsteht, mit den aus I geholten Tiefenmaßen.

Der einzelne Schrägschnitt an Prisma, Pyramide, Zylinder.

Abb. 84. Pyramidenförmiger Trichter. Gr fertigmachen, Sr suchen nebst der wGr des Schnittes. Für die wGr einer der zwei trapezoidförmigen Seiten ist erst die wGr eines Dreiecks zu ermitteln aus einer Grundkante und der wahren Schrägkante wL. Diese entsteht durch Kreiseln der Pyramide (Mimik mit der Hand genügt), bis diese Kanten b-Lagen haben. Auf der wL haben auch die Trapezpunkte wahre Lage.

Abb. 85. Flacheisen und Rundstab, eigentlich eine einfache Durchdringung und doch nichts anderes als zwiefaches Auftreten des Schrägschnittes.

Diese Art des Vorausnehmens ist pädagogisch wichtig wegen Erregung der Wißbegier für Späteres, eben Durchdringungen; das ist so wichtig wie das Nachnehmen, d. h. im Neuen soll Bisheriges wieder auftreten, so daß das Unbekannte an Bekanntes angeschlossen und dieses zum freien Eigentume wird.

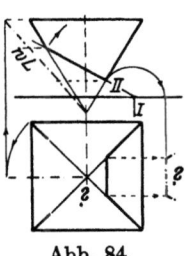
Abb. 84.

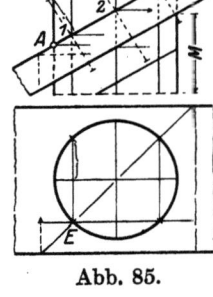
Abb. 85.

Für den Sr ist der Stab wegzudenken, damit die obere Ellipse voll sichtbar wird, die mittels der Schnittpunkte der Ez mit der Schnittebene entsteht ... Wie erscheint sie im Sr bei 45° Neigung?

Da der Schüler in Schnitten denken lernen soll, was für ähnliche Fälle und für Durchdringungen wichtig ist, so ist hier eine andere Einkleidung für die Lösung nötig als die für die Unterstufe (§ 20 C). Jede E, die senkrecht zu I ist, schneidet die Schnittebene und auch den Zylindermantel in Geraden; jeder Schnittpunkt dieser Geraden mit jener Geraden ist gemeinsamer Punkt beider Oberflächen. — Am klarsten wird das mit der Diagonalebene E, weil deren Spur mit der Schnittebene als Schräge in III erscheint. (Noch klarer das in Abb. 86a.)

Die wGr der Schnittellipse kann nach Abb. 38 oder 84 bestimmt werden. Hier steht ein Ergebnis mittels § 33 C, welches das kinematische Denken noch besser übt: AB ist Ellipsen-Großachse, da sie in I zu x parallel ist, also b-Lage hat. Wird sie als Drehachse der Ellipse in II gedacht, so müssen Kleinachse und

Keiser, Geometrie.

Sehnen (die als Punkte *1—2—3* erscheinen) beim Drehen senkrecht zu *AB* zum Vorschein kommen. Die Klammern deuten die Maßübertragung an. (Zu rein mechanischer Mache führt die Anweisung: Man legt durch *1—2—3* Geraden senkrecht zu *AB* und holt die Maße aus I.)

Das Mantelstück *M* ist abzuwickeln (s. Abb. 37b und Text), doch sei empfohlen, in II noch einen parallelen Streifen abzugrenzen (in unserer Figur nur angedeutet), damit der Schüler sieht, wie die in II geometrischen Parallelen in der Abwicklung „so ganz anders" aussehen: Die zwei doppelten *S*-Linien bilden keinen parallelen Streifen, sondern einen, der durch „Parallelverschiebung" entstand.

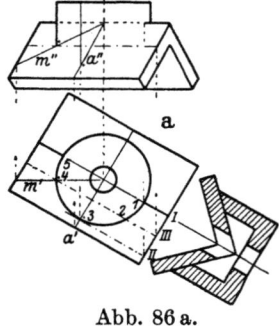

Abb. 86a.

2. *Der Schnitt liegt allgemein schräg* (*c*-Lage) bei Grundstellung des Zylinders. Abb. 86a, Motiv von einem Geländer; das Winkeleisen ist die Handleiste, der zylindrische Gußkörper ist zweimal schräg geschnitten; die vordere Halbellipse ist zu suchen.

Die Aufgabe kann in der Form Abb. 85 gegeben werden, zeigt aber als Schrägansicht sehr anschaulich das Denken in Hilfsschnitten, mit denen leicht Hantieren ist, weil die Schnittebene begrenzt ist, und die nach dreierlei Art angewendet werden können. — Zur Beschaffung des Gr und zur Anlage des Ar ist die Hilfstafel nötig mit dem Mittelschnitte in Richtung a'.

Bei allen 3 Lösungsarten sind Hilfsschnitte senkrecht zu I gedacht; alle schneiden den Zylinder in Ez und die Dachfläche nach der einen Art zunächst in der Linie a', dann oben in a'', wodurch der tiefste Punkt festgelegt ist. Für weitere Punkte folgen parallele Schnitte zu a', die oben parallel a'' sein müssen (Parallelen bleiben solche!). — Unbedingt ist bei jeder Art ein Schnitt durch Punkt 4 zu nehmen, um in II den Durchstoß der Grenz-Ez exakt zu erhalten. — Nach der anderen Art sind Schnitte *m* verwendet durch die Grenz-Ez, einer parallel durch den Tiefpunkt 3 usw. — Das gleiche Ergebnis in II stellt sich durch Gebrauch der Schnitte I—II—III heraus.

Abb. 86b. Gegeben ein Zylinder in Grundstellung (parallel zu x) mit seinen Ez in I und II. Die der Lage nach gegebene Hauptlinie AB (parallel zu I) soll Durchmesser einer Schnittellipse werden, die allgemein schräg (c-Lage) liegen soll.

Modell ist eine Papierrolle und ein darübergeschobenes Zeichendreieck. Steht dieses Dreieck senkrecht zu I, so projiziert es sich in die $A'B'$, und die AB ist Großachse einer Ellipse in b-Lage (dieser Fall wäre dann Abb. 85 in anderer Stellung). Wird das Dreieck aber schief gekippt, so ist die AB der Durchmesser und die Ellipse hat c-Lage, läßt sich mit den bisherigen Mitteln aber nur finden, wenn wir sie irgendwo als Gerade fassen können. Das ist durch die AB möglich. Da sie parallel zu I ist, so projiziert sie sich als Punkt in einem Hilfsaufriß, der über x' (senkrecht zu $A'B'$) aufgestellt wird (s. Abb. 71 in I und H'). In dessen Umklappung II' ist der Punkt AB zu sehen. Jede durch diesen Punkt gelegte Gerade, die alle Ez schneidet, ist dann eine Schnittellipse; nur die in Richtung $A'B'$ eingesetzte ist verboten. Die s, in der Richtung $1-A$, soll unsere Annahme sein (der Neigungswinkel mit x' war freigestellt); es ist symmetrisch dazu eine s gelegt, so daß die AB zur Schneide wird. — I ist gemeinsamer Gr für II' und II. Die Zeichnung zeigt den Gang der Entwicklung in genügender Weise. In I decken sich die halben Schnittellipsen, in II liegt die untere symmetrisch zur oberen.

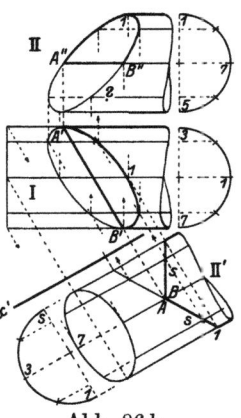

Abb. 86b.

§ 40 A. 4 Schnitte rhythmisch um die Zylinderachse geordnet (Häufung des Schrägschnittes Abb. 85).

Abb. 87a, Stellkörner einer Fräsmaschine; vierseitig pyramidal zugespitzter Zylinder, mit gleicher Neigung der Ebenen, welche die Spitze auf der Zylinderachse gemeinsam haben.

Der Lehrer lasse hier, ohne vorher zu sagen, was werden soll, durch Handmimik am Vollzylinder diesen Körper entstehen. Er frage nach der 1., 2. und letzten Schnittmimik, was jeweils entstanden ist. Der Schüler soll in seiner Vorstellung folgen und zuletzt beantworten können:

In welcher Lage ist der Kreisriß anzusetzen, damit im anderen Risse zwei Schnittflächen als Geraden erscheinen?

Gibt man solch einfache Sache sofort an der Tafel, so meint der Schüler, das würde er selbst sofort auch gefunden haben. — Auf diese Weise ist ihm von Zeit zu Zeit, gerade an einfachen Fällen, fühlen zu lassen, wie schwer das Selberfinden ist (§ 4, 2, zu b).

An diesem einfachen Körper ist dem Schüler zu lehren, daß in jedem genau zentral-rhythmisch geordneten Risse, ob im Kreise oder im Vieleck, die gleichen Wiederkehrpunkte stets auf Kreisen, die im anderen Risse als Geraden erscheinen, liegen. Also hier die Tiefpunkte A, die Hochpunkte B, desgleichen die Zwischenpunkte.

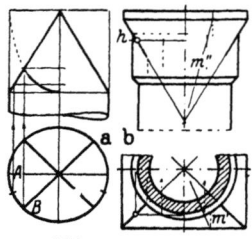

Abb. 87 a u. b.

Abb. 87b, Säulenkapitäl, umgekehrt -fuß. — Unbedingt an Abb. 87a anschließen, denn selten findet ein Schüler, daß in dieser Durchdringung von Zylinder und Pyramide dasselbe vorliegt wie in Abb. a; so stört die neue Einkleidung. Diese macht aber den Fall geeignet, mit Hilfsschnitten zu arbeiten, die beide Körper schneiden.

Punkt B der Abb. 87a ist jetzt Durchstoß der Schrägkante; er und Punkt A werden wie in a bestimmt. Der Zwischenpunkt: links, mit Schnitt h; gibt in I den alten Kreis und ein Quadrat. Der vordere Schnittpunkt beider gibt in II den gemeinsamen Punkt beider Oberflächen. — Rechts: Schnitt m' senkrecht zu I; gibt in II eine Ez und die m'' auf der Pyramide; der Schnitt beider usw. Jener Durchstoßpunkt ist hier folgerichtig als Ergebnis des Diagonalschnittes anzusehen.

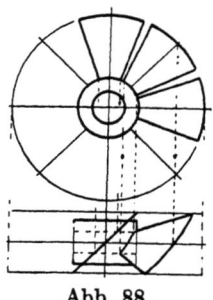

Abb. 88.

Nach letzterem Verfahren kann auch sofort, ohne Hilfsriß, die Schrägansicht beschafft werden. — Der Gr müßte hier eigentlich über dem Ar stehen, doch kann bei Kapitälen, da ihre Gestaltung keine Irrtümer schafft, davon abgesehen werden.

Abb. 88, Motiv: Ventilator mit 2 · 4 Flügeln (ohne Modell). — Ansatz in I: Die Nabe und die 45°-Lage eines Flügels, im Ar die Nabe und die Breite des Flügels auf dem gedachten Um-

4 Schnitte rhythmisch um die Zylinderachse geordnet. 101

hüllungszylinder; hierauf Angabe der 4 Flügelecken in I; endlich alle Flügel in II. — Die wGr eines Flügels nach Abb. 68 d_1: Der Mittelpunkt des mittleren Flügels in I dient als Drehachse; im Ar wandern die 4 Eckpunkte wagerecht.

Zu suchen in I alle Flügel. Das Ergebnis verblüfft den Schüler meistens, weil in I die Flügel allmählich entgegengesetzte Lage annehmen nach links hin.

Abb. 89, Motiv: Fräser. — Diese Aufgabe wird am besten durch die Perspektive Abb. 89a veranschaulicht, nämlich daß

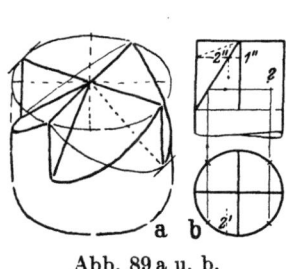

Abb. 89 a u. b.   Abb. 90.

4 Viertelellipsen vorliegen. Abb. 89b zeigt den Anfang der Lösung, die wie in Abb. 87a verläuft. Verdecktes liegt umgekehrt. (Die gestrichelten Linien mit den Zahlen gelten der Abb. 91.)

Abb. 90, der vorstehende Fräser ist zum Hohlfräser umgebildet. — Das Verfahren an der äußeren Zylinderfläche wiederholt sich an der inneren; von der hinteren Hälfte werden Stücke von geraden und krummen Kanten sichtbar in II.

Abb. 91a, b, c. Der Fräser Abb. 89 ist in einen mit schrägen Schneiden umzuwandeln. (Sehr interessant.) Diese Forderung ist leichter gestellt wie zeichnerisch durchgeführt, besonders wenn kein Modell zur Hand ist. Aber auch mit diesem ist der Ansatz schwer zu finden. — Hält man das Modell so, daß man eine Schnittebene als Gerade sieht, so sieht man das Dreieck nicht als Gerade, und hat man das Dreieck als solche, so liegen beiderseits sichtbar Kurven. Aufnehmen und danach aufreißen könnte man so ein Modell; aber wenn der Neigungswinkel der Schneide anders werden soll wie am Modell?

Wenn Abb. 89b Ar die Schneide, die als Punkt dasteht, bis *1"* gesenkt wird, dann wäre die gestrichelte Schräge ihre wN; aber

wie findet man von *1"* nach unten links die Kurve? Oder wird die Schneide nach *2"* gelegt, also in I nach *2'*, dann geht die senkrechte Kante *1"* mit und bleibt auch nicht Grenz-Ez mehr ...?
Was da geschieht, veranschaulicht die Perspektive 91a, weil der neue Fräser in den alten hineingezeichnet werden kann (am Modell ist nicht beides sichtbar). Beim Entwerfen der Skizze sind **Neigung der Schneide und Neigung der Schnittellipse unabhängig voneinander**; Länge von K ist von beiden abhängig und S wieder von K. Daraus und aus der Beobachtung in Abb. 89b, daß jene beiden Neigungen (der Schnittebene und der Schneidkante) nicht in einem Risse möglich sind, ergibt sich **der Ansatz am besten in 2 Risseanlagen** b und c. In b ist die Schnittebene N

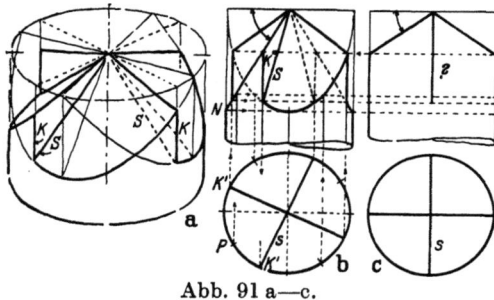

Abb. 91 a—c.

in wN gelegt und in c die wN der Schneiden, die im Gr das Kreuz s ergeben. Aus dem Ar von c kommen nun die oberen Endpunkte der K (zugleich die Endpunkte der Schneiden), vor allem K'' auf der Schnittebene N. K'' herab nach K' gibt sofort die Lage des Schneidenkreuzes; der hintere K' hinauf zeigt die Höhenlage aller Fußpunkte der K-Kanten und dadurch die Lage der S. Damit sind auch genug Ellipsenpunkte da, bis auf etwa den Zwischenpunkt P — und der Ar ist fertig bis auf die Wiederholung der eben bestimmten Kanten. — Für den Ar in c ist nötig, erst das gestrichelte Großachsenkreuz der Ellipsen nebst den Punkten P im Gr von c einzusetzen, damit die Breitenmaße für den Ar da sind; die der Höhen kommen von links herüber. — Dieser Ar ist symmetrisch gestaltet wie schon der von b.

§ 40B. 3 rhythmisch um eine Zylinderachse geordnete Schrägschnitte. — Die zentrale Dreiteilung macht dem Schüler schwerer zu schaffen als die Vierteilung.

Abb. 92. Motiv: dreiseitiger Stellkörper (zum Vergleiche Abb. 87a). — 3 Risse machen. — Vorher die Frage: Wie ist der Kreisriß zu legen, damit eine Schnittebene in einem der anderen

Risse als Gerade erscheint? Vier Möglichkeiten, davon eine (Abb. 92) an der Tafel erledigt wird, während die 3 Rotten nach diesem Verfahren die 3 anderen behandeln.

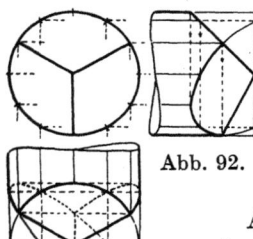
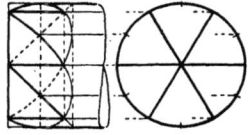

Abb. 92.   Abb. 93.

Abb. 93. Motiv: Fräser mit $2 \cdot 3$ Schnittebenen (zum Vergleiche Abb. 89). Gr noch suchen. — Für gute Schüler Umwandlung in einen Hohlfräser (zum Vergleiche Abb. 90).

§ 41. **Schnitte durch Kugel und Ellipsoid.** — Abb. 94. Motiv: Mittelstück des Hookeschen Kreuzgelenks. Grundform ist die Mittelscheibe einer Kugel. 2 Paar gleiche Ausschnitte, welche ein rechtwinkliges Kreuz bilden, in die je eine Gabel in wagerechter und lotrechter Lage eingreifen würde, welche sich um je 1 Paar zylin-

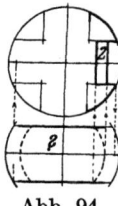
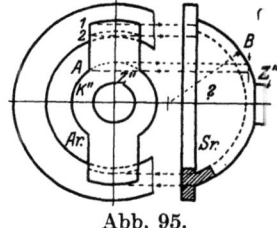

Abb. 94.   Abb. 95.

drische Flächen z drehen, davon rechts eine angegeben ist. — Die Schüler haben beide Risse fertigzumachen.

Abb. 95. Motiv: Lagerbock; auf einem Ringe sitzt ein Bügel, der von einer Hohlkugel übrig blieb; Profil und Wandstärke unten im Sr. Der Ar ist fertig, der Sr ist fertigzumachen, der Gr zu suchen. — Der Zylinder Z und der Rand K sind dieselbe Sache in zweierlei Form; Z''' findet der Schüler leicht, aber K''' macht Kopfschmerzen, da die Schüler fast durchweg (bei Mangel an Hilfe) der Meinung sind, im Sr müsse als K''' etwas Krummes entstehen. Sie müssen sich aber den vollen K'' als Zylinder vorstellen, der nur größeren Durchmesser hat wie Z, so kommt die Einsicht, daß in der Richtung B eine Lotrechte als Kreisbild in der Kugeloberhaut zu stehen hat; die Innenhaut ergibt eine Parallele dazu.

Abb. 96. Motiv: der Fräser Abb. 42b sofort in Schrägansicht. — 2 Meridianschnitte, in I einer angegeben, der im Ar durch die Pole geführt werden mag samt seiner verdeckten Hälfte; zu jedem 2 parallele Schnitte (Grundproblem in Abb. 44). Zur Ermittlung der Kurven in II dienen die 5 wagerechten Schichtenschnitte.

Abb. 97. Motiv: Lagerbock, aus der Hohlkugel als Grundkörper (zum Vergleiche Abb. 95). Die Schrägschnitte an den 2 geneigten Bügeln decken sich in III, deren Riß fertigzumachen ist; dazu noch Gr. Jede der schiefen Bügelkanten wird durch 3 Punkte bestimmt, das sind die 2 Endpunkte, die erst in II, dann in III vorhanden sind, und 1 Zwischenpunkt A''' mittels des Hilfsschnittes E, welcher in III eingelegt den feinen Vollkreis mit A'' gab, der nach III herübergenommen A''' bringt auf E; der andere äußere Bügelrand ebenso.

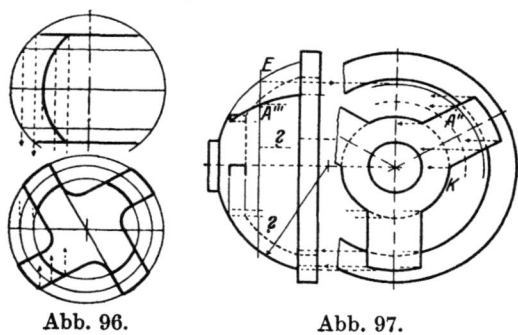

Abb. 96.   Abb. 97.

— Für den Zwischenpunkt der inneren Bügelränder dient dieselbe E, die in II den fein gestrichelten Kreis usw. ergibt.

Anders als in Abb. 95 endet die zylindrische Fläche K; an sie schließt sich ein ebener Boden, dessen Verschnitt mit dem Hohlraume die gestrichelten Teile von K in II sind.

Abb. 98. Motiv: ein bekanntes Ventilgehäuse; von den seitlichen Flanschen genügt eine Andeutung, der obere blieb weg. Das Gehäuse wird auch im Fachzeichnen in diesen 3 Mittelschnitten gegeben, doch wird in I, die eigentlich dann gespaltene Mittelwand, in Aufsicht gezeichnet, und der Schnitt trifft nur rechts die schiefe Wand.

Die Kurven in I sind zunächst durch die Scheitel und die Endpunkte fixiert. Die E gibt Zwischenpunkte, deren Abstand von der Hohlwand zum Vorschein kommt, wenn Schnitt E um sich selbst parallel zu II gedreht wird. Die Klammergrößen daselbst werden dann in I eingesetzt. — Für die Kurven in III wird der Schnitt E in III selbst eingesetzt...

Das Rohr und die Hohlfläche verschneiden sich in einer räumlichen Kurve, weil der faßartige Körper zweierlei Krümmungsradius hat. Die Ermittlung der Kurvenscheitel ist angedeutet; 3 Punkte genügen für jede Kurve, die als Zirkelschlag eingesetzt wird. — Den Schülern ist ein aufgeschnittenes Modell zu zeigen.

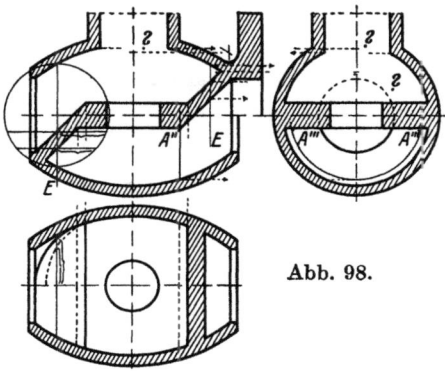

Abb. 98.

§ 42. Schnitte durch Kreiskegel und Einziehung[1]). — Für die Oberstufe genügt die Entstehung der Kegelfläche nicht, welche für die Unterstufe ausreicht (§ 21). — Man denke eine Gerade von ziemlicher Länge, die senkrecht durch den Mittelpunkt eines Kreises geht. Eine andere Gerade, die jene irgendwo schiefwinklig schneidet, erzeugt 2 Gegenkegel mit gemeinsamer Spitze, wenn sie, von der Spitze aus, rings um den Kreis gleitend bewegt wird. Sie ist Mantellinie oder Ez, jene Gerade ist Achse, und jeder Schnitt senkrecht zu ihr ist ein Kreis.

Unter den „Kegelschnitten" versteht man Ellipse, Parabel, Hyperbel.

Die **Ellipse** entsteht, wenn eine Ebene alle Ez eines Kegels schneidet; nie kann dabei auch der 2. Kegel getroffen werden. — Im Kreiszylinder geben parallele Schrägschnitte gleiche Ellipsen, im Kegel ähnliche, weil die Spitze Strahlpunkt ist.

Die **Parabel**. Im Zeichenansatz wird sie in der Regel als paralleler Schnitt zu einer Seite genommen (Abb. 99). Allgemeiner: Ihre Ebene liegt parallel einer Ebene, die den Kegel entlang einer Ez berührt. Die Parabel trifft also nur 1 Kegel.

Die **Hyperbel**. Der Schnitt bearbeitet vielfach nur eine, welche parallel der Kegelachse ist (Abb. 99). Allgemeiner: Jeder Kegelschnitt ist hyperbolisch, der 2 verschiedenen Ez parallel

---

[1]) Die Einziehung — Grundform mit dem Halbkreise als Ez — ist technisch und künstlerisch so wichtig wie Kegel und Kugel, fehlt im Elementarunterricht aber in der bekannten Reihe der „geometrischen" Körper.

ist. Daher schneidet die Hyperbel stets beide Kegel, daher die 2 „Hyperbeläste", die einander gleich sind.

Abb. 99 gibt die hier genügenden Fälle von Parabel und Hyperbel; die Ellipse wird bei den Durchdringungen und Abwicklungen behandelt (Abb. 146, 154). — Mit dem Schichtenschnitte 1

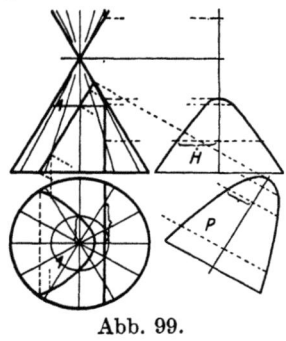

Abb. 99.

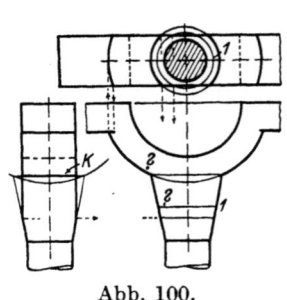

Abb. 100.

werden, ohne Sr, 2 Punkte der Parabel in I ermittelt. Ihre wGr, welcher der Gr vorausgehen muß, und diejenige der Hyperbel können so entstanden gedacht sein wie die Ellipse AB in Abb. 85; nur sind sie hier parallel zu ihren Ar herausgeschoben.

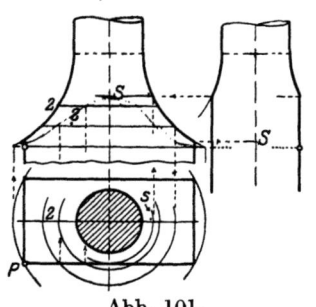

Abb. 101.

Abb. 100. Motiv: Pleuelstangenkopf. Der Kegel ist Übergangskörper zwischen zylindrischer Stange und Kugel. Hyperbelschnitt, der sich mit Kugelschnitt verschneidet. — Einfacher: kleiner Stangenkopf; an Kugel berührender Kegel als Übergang zum Zylinder ... Der Hyperbelschnitt geht knicklos in den Kugelschnitt über.

Abb. 101. Einziehung als Übergang zwischen Zylinder und in der Regel Vierkant, das als „Gabel" endet. S die Scheitel; hier in II glockenförmige Kurve; berührt der Schnitt den schraffierten Kreis, so endet die Kurve in II am Zylinder als Spitze. — Die Kurvenanfänge liegen dem Gr zufolge auf einem Zylinder, beginnen also bei P; also in II auf dem Zylinderrande! Dort beginnt die Kurve! — Ohne Sr ist von dem Schichtenkreise 5 aus die Höhenlage von S zu bestimmen.

Abb. 102. Einziehung als Übergang in eine ebene begrenzte Fläche. Die Kurve läuft an der Nabe ganz dünn aus.

Abb. 103. Stangenkopf. Die Schnittkurve der Einziehung läuft an der Stange in eine Spitze aus und geht am Berührkreis zwischen Einziehung und Kugel ohne Knick in den Kugelschnitt über. — Der R der Einziehung soll gegeben sein (s. § 26D, 2c).

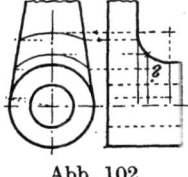
Abb. 102.

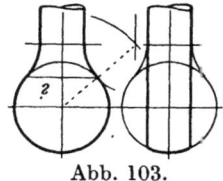
Abb. 103.

§ 43. Schnitte durch den Ringwulst oder zylindrischen Ring (Abb. 104). Der Rohrkrümmer ist die bekannteste Anwendung eines Wulststückes bei vollem Querschnitt. — Wie kann der Wulst als Umdrehungskörper geometrisch entstanden gedacht werden?

— Der Schüler muß aus der Vorstellung heraus, wenn er solchen Ring vor sich liegend denkt, angeben können, durch welche Schnitte man Kreise in der Wirklichkeit erhält. Ferner: Nur auf Grund einer Risseskizze soll er angeben können, wie ungefähr die Schnitte a, b, c, d (parallel zu II) aussehen. — Der Schnitt d besteht nicht aus 2 sich berührenden ovalähnlichen Figuren, sondern dort schneiden sich 2 Linien schiefwinklig!

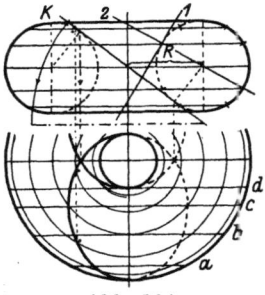
Abb. 104.

Jede Rotte erhält einen Schnitt von a—d und einen der Richtung 1 oder 2; von letzterem ist die symmetrische Hälfte in wGr zu ermitteln mittels eines rechtwinkligen Netzes, dessen Längen auf 1 oder 2 liegen, dessen Tiefen in I stehen. — Einzelne Schüler mögen nur den Schnitt k behandeln (beide Querschnittkreise berührend, Berührpunkt genau bestimmen) und die eine Ellipse desselben parallel zu I drehen (wie Abb. 104 zeigt), um in I festzustellen, daß ein Kreis vorliegt (die 3. Art Kreise, die am Wulst möglich sind), dessen Radius R in unserer Zeichnung ist.

§ 44. Schnitte an Formstählen[1]). — Versteht man unter Profile oder Querschnitte eines stabförmigen Körpers den Schnitt

---

[1]) Mit Benutzung der Andeutungen in Preger: Werkzeuge und Werkzeugmaschinen. Leipzig 1920.

senkrecht zur Längsrichtung, so gilt als Profil eines Umdrehungskörpers diejenige Form, welche durch axiales Spalten entsteht (Axialschnitt).

Die Formstähle, gerade und runde, d. h. stabförmige und drehrunde, dienen zum Drehen. In Abb. 105 ist B die Brust des Stahles. Die Schneide S kann in der Höhe der Werkstückachse, etwas höher oder tiefer einsetzen; sie wirkt in ganzer Breite und hat die Form, die zum Erzeugen des Werkstückprofils nötig ist. Aus der Figur geht hervor, daß die Form S, wenn sie nicht gerade, sondern gebogen oder gemischtlinig ist (dann liegt sie in der Ebene B), weder dem zu erzeugenden Profile noch dem des Stahles selbst gleich sein kann.

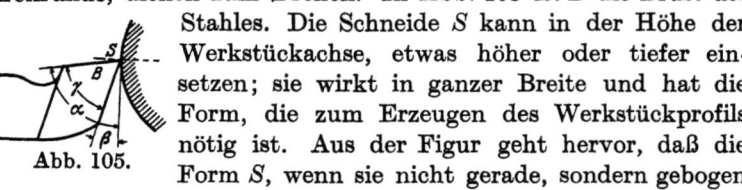
Abb. 105.

Die Aufgabe ist also, aus dem gegebenen oder geforderten Werkstückprofile das des Stahles zu entwickeln. Da spielen aber der Schnittwinkel α, der Anstellwinkel β und der Zuschärfwinkel γ mit herein. — Auf deren Einhaltung ist hier, der möglichsten Deutlichkeit halber, verzichtet.

1. *Gerader Stahl.* Abb. 106a, b, c. In allen ist ein Teil desselben Werkstückes (nur in Abb. 106a wurde sein Kern schraffiert) zu sehen als Ar, desgleichen die Längsrichtung des Stahles parallel zu II. Gewirtschaftet wird mit dem nach oben geklappten, geforderten Profile P_1, und gesucht wird P_2. — Die Kreise sind als Schichtenschnitte zu denken.

Abb. 106a, der einfachste Fall. Schnittwinkel $= 90°$, d. h. B liegt in Achsenhöhe des Werkstückes, also gleich P_1 ist die Form seiner Schneide. Da B Schrägschnitt des Stahles ist, auch in den 2 anderen Fällen, so ist die Frage: Wie ist des Stahles Querschnitt P_2 zu gestalten und durch die Zeichnung zu gewinnen? (Nur der schraffierte Teil wird gesucht, das andere, so der Schwalbenschwanz, gehört zum Festmachen im Stahlhalter.)

Zur Lösung. Auf die Schnittiefe t von P_1 sind verteilt von O ab: ein konzentrischer Ring, ein Viertelkreiswulst, dieser ist von einer Kegelstumpffläche durch eine zylindrische getrennt. — Es ist klar, daß die Schnittbreite b von P_1 samt allen Teilmaßen von $0-4$ in P_2 wiederkehren muß; daß aber t mit seinen Teilmaßen, wegen des Winkels β, sich auf t' verringert und die Teilmaße im selben Verhältnisse auch. — $P = t'$ ist der Querschnitt, der in P_2 herumgeklappt erscheint. — Das rechtwinklige Netz der b- und t-Linien in P_1 ändert sich also für P_2 in eines von b'- und t'-Linien. Es ergibt für den Kegel eine Gerade, weil B die Lage einer Ez des Kegels hat, und statt des Viertelkreises muß eine Viertelellipse entstehen, da $t' < t$.

Abb. 106b. Werkstück bei b; gefordertes Profil P_1 senkrecht über (P_1) wie vorhin, aber wesentlich ist, daß B nicht mehr axial liegt; nur die Spitze liegt noch in Achsenhöhe des Werkstückes. Daß Winkel β jetzt kleiner ist wie in Abb. 106a, ändert nichts am Verfahren, wohl aber, daß B schief zu den Kreisen

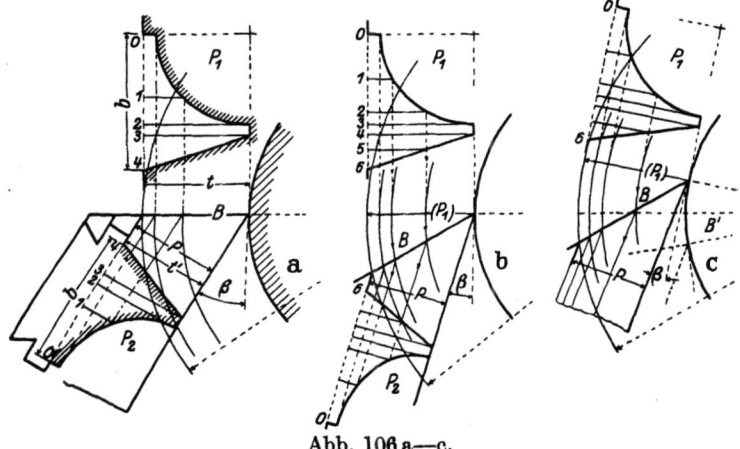

Abb. 106 a—c.

liegt. Dadurch wird übrigens der Kegelstumpf in Hyperbelrichtung geschnitten, und der Wulstschnitt wird ein Teil des Schnittes c in Abb. 104 sein.

Zur Lösung. Da in P_1 die Wagerechten $0-6$ Schichtenschnitte sind (alle parallel zu II), so erscheinen sie wie in a als Kreise um die Werkstückachse. Ihre Schnittpunkte mit der B bestimmen jetzt die Tiefenmaße t' der einzelnen Punkte für P und P_2 bei der Neigung β des Stahles. — In dem wieder entstandenen Netze wird die Kurve sich kaum von einer Viertelellipse unterscheiden und das Hyperbelstück (mit der Höhlung nach B zu) kaum von einer Geraden.

Abb. 106c. Die Spitze der B setzt über der Höhenlage der Werkstückachse an. — Das Verfahren ist wie in Abb. 106b, denn

(P_1) ist nur aus der wagerechten Lage nach oben in eine schräge gedreht worden. Von dieser (P_1) aus geschieht alles wie in b. Liegt die Schneidenspitze tiefer als die Werkstückachse, so ist bei Preger die Brustebene B' axial liegend angeordnet. Die Schneide ist also selbst wieder gleich dem Profile P_1 wie in Abb. 106a. Daher dasselbe Verfahren wie dort.

2. *Runder Stahl.* Abb. 107 zeigt schematisch rechts das Werkstück, links den Stahl mit dem meistens rechtwinkligen Ausschnitte mit der Brust B und deren Lage zur Stahlachse. 2 gestrichelte Geraden unter B deuten an, wie der Stahl nachgeschliffen wird. — Die Schneide S liegt in der Höhe der Werkstückachse.

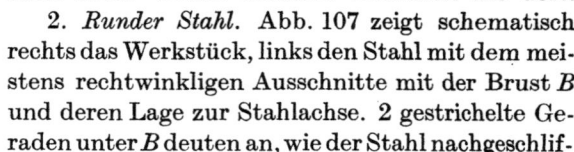

Abb. 107.

Abb. 108a zeigt genügende Stücke von Stahl und Werkstück; das geforderte P_1 ist wie in Abb. 106 gestaltet. — Wie muß das Stahlprofil bei (P_2) aussehen, wenn sein Schliff bei B die Form P_1 ergeben soll? Man lotet wieder die Profilmarken der Schichtenschnitte aus P_1 nach B. Durch die gefundenen Punkte müssen die Schichtenschnitte beider Körper als Kreise gehen, doch kommen nur die für den Stahl in Frage. Wo diese das zu suchende Profil (P_2) schneiden, haben wir die einen Abstände für P_2 selber, die anderen für P_2 sind die alten Maße *0—6*. Beide geben wieder ein Netz wie in Abb. 106.

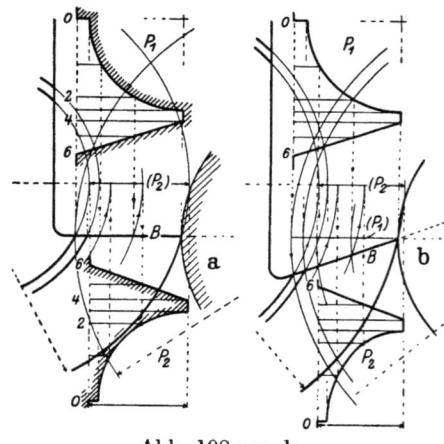

Abb. 108 a u. b.

Da bei B der Stahl die gerade Schräge haben muß, so kann dieselbe Stelle bei (P_2) nicht auch gerade sein. Wie aber? Angenommen, sie sei bei (P_2) gerade, dann müßte sie bei B hyperbolisch sein; da sie aber hier gerade ist, so muß bei (P_2) eine etwas konkave Kurvung vorliegen (§ 45).

Abb. 108b. B zeigt nicht durch die Werkstückachse. Es ist das Profil des Stahles für (P_2) zu ermitteln. — Das Profil P_1

gilt für (P_1); also sind die Marken von P_1 dahin zu loten. Hier liegen sie auf den Schichtenschnitten, die als Kreise um das Werkstück laufen. Diese Kreise schneiden B, und hier gehören sie denselben Schichtenschnitten an, die aber als Kreise um den Stahl liegen und auf (P_2) die Maße ergeben, die unten in P_2 mit den Maßen *0—6* das Netz bilden. — Die Schräge in P_2 muß ebenfalls unmerklich konkav sein.

§ 45. Vom Hyperboloid. Die Schräge in P_2 (Abb. 108a) ist um ein kleines hyperbolisch. Die Veranschaulichung geschieht am besten mit einem sog. Wittsteinschen Zylinder. Dies Modell besteht aus einer Kreisscheibe von Holz, in Randnähe mit nicht durchgebohrten Löchern; darüber eine Pappscheibe mit gleichliegenden Löchern. Beide Scheiben auf einer Stativachse. Durch die oberen Löcher werden Drähte gesteckt, die in den unteren stehen. Sie sind zunächst Ez eines Zylinders. Wird die obere Scheibe genügend gedreht, so entstehen nahezu 2 Gegenkegel mit ihren Ez. Die Zwischenstellungen ergeben Hyperboloide, und zwar „einschalige", weil jeder Schnitt senkrecht zur Achse ein Kreis ist und jeder Axialschnitt (Profil) eine Hyperbel. — B wäre eine der schiefliegenden Ez, deren Gesamtheit in der Ebene der (P_2) beiderseits der Drehachse eine Hyperbel ergäben. — Dieses Hyperboloid lernen die Schüler benutzen bei gewissen Zahnrädern.

3. Krumme Schnitte durch Körper.

§ 46. Die schneidende Fläche K muß als Linie in einem Risse gegeben sein; ihre Ez haben also senkrechte Lage zu dieser Tafel. Die Linie kann beliebige Form haben: irgendeine Kurve, Gerade in Bogen übergehend; Wellenlinie, die als Fläche in bedeutsamer Weise oder formbestimmend zur Geltung kommt und oft genug ebene Hilfsschnitte zur Lösung des Problems nötig macht. — Manche Fälle sind wirklich Durchdringungen, wie z. B. schon Abb. 82 oder Abb. 110. — Diese Schnitte sind gute Vorbereitung für Durchdringungen von Umdrehungskörpern. — Die kreiszylindrischen Schnitte geben den Lösungstypus.

§ 47. Zylindrische Schnitte durch Prisma oder Pyramide haben nur mehr formalen Wert, daher nur ein paar Worte darüber. — Der Körper ist so zu legen oder zu stellen, daß in seinen Flächen elliptische Schnittränder entstehen (einfache Neigung genügt für Prismen, für Pyramiden die Stellung Abb. 68a′). Die Hilfsschnitte sind am besten so zu legen, daß im Zylinder Ez entstehen, nicht Kreise; Schnittpunkt der Ez mit einer Spur in der ebenen Fläche ist gemeinsamer Punkt dieser mit der zylindrischen Fläche (zum Vergleich Hilfsschnitte in Abb. 86a).

Ein schöner praktischer Fall aber ist

Abb. 109a, b. Propellerartiger Körper mit drei ebenen Flügeln. Abb. 109a gibt den Eindruck des geschmiedeten Originals. In den Rissen ist die Flügelstärke reichlich doppelt genommen, um manches deutlicher zu machen. — Das Modell (auch das Abb. 91) war in der Regel ein Schmerzenskind besonders für diejenigen Schüler, die vordem schon „alles gehabt" hatten im Projektionszeichnen. Sie sprachen stets von Parabeln und Hyperbeln daran... und bei der Aufnahme des Modells verfiel keiner darauf, das Modell so zu betrachten, daß ein Flügel „als Strich" erschien. — Zur Aufnahme genügt dieser eine Flügel und die Notiz „dreiflügelig", dann können danach die Risse gemacht werden; zunächst als Anwendung des einfachen Schrägschnittes in rhythmischer Wiederkehr (zum Vergleich Abb. 92). Die Schmalflächen der Flügel bilden auch Schrägschnitte, aber ... Bei halb so starkem Flügel und für das grobe Modell genügt es, die $R''C''$ senkrecht zum Flügel zu legen; doch geraten die geraden Kanten der anderen Flügel dann nie genau parallel. Das würde aber, wenn man (höchst umständlich) solche Schmalfläche in einem neuen Risse als Gerade haben könnte, der Fall sein. Bequem wird die Lösung, wenn der eine Flügel zur dreieckigen Platte ergänzt und darin mindestens der große Kreis als zylindrischer Schnitt behandelt wird. — Hierzu einige passende

Maße: Großkreis 200 Durchmesser, Nabe 60 : 60, $h = 100$, Flügelneigung 45°, der Flügelquerschnitt an den geraden Kanten rechtwinklig, die P-Punkte auf dem Nabenrande; damit die Ecke D'' links und die entsprechende rechts oben recht deutlich sind, ist der Flügel recht dick und an der Nabe möglichst noch breiter wie hier anzunehmen.

Ansatz und Gang der Arbeit. In I Großkreis und Nabe. In II Nabe, Flügeldicke und h. Die $P''R''$ herab nach I = $P'R'$. — Wie weit liegt, genau, $C'D'$ ab von $P'R'$? Deswegen ist der Flügel zur dreieckigen Platte zu ergänzen, vor allem vorn durch die wagerechte Tangente, die nun Prismenfläche parallel zu II ist, während das Prisma selbst senkrecht zur Flügelschrägen in II steht. $P'R'$ bis A' verlängert gibt den unteren Eckpunkt der vorderen Plattenfläche an; von A' hinauf. In A'' kann jetzt bis B'' die rechtwinklig aufsetzende Kante der Vorderseite der „Platte" gezogen werden. Von B' unten parallel zu $A'P'$ macht diesen Flügelrand endgültig und exakt fertig. C' und D' hinauf ergeben in $R''C''$ und $P''D''$ die genauen Richtungen dieser

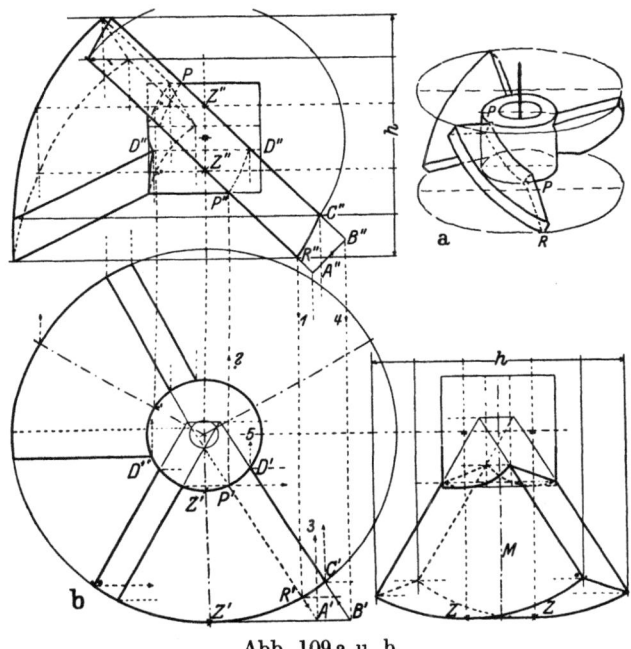

Abb. 109a u. b.

kurzen Kanten und die genaue Höhenlage für die übrigen Punkte. (Für Punkte zwischen RC und PD wäre eine Mittellinie erst in I zu legen und die an beiden Kreisen entstandenen Punkte wären auf die entsprechende Mittellinie in II zu nehmen.)

Damit ist der Kern der Aufgabe erledigt, der einmal wiederholt wird. — Der Schüler hat alle 3 Flügel in den 3 Tafeln zu entwickeln, doch arbeite der Lehrer noch einen genau vor. Desgleichen den vorderen Flügel im Sr, dessen 4 krumme Ränder ja hier als Kreisbögen erscheinen; die Schüler finden in der Regel die 2 Mittelpunkte dazu nicht selbst, auch vergessen sie gern die Grenz-Ez ZZ und sind bei P''' nie recht klar, ob er in III sichtbar oder verdeckt ist.

Wahre Gr einer Flügelfläche: der obere Punkt Z'' dient um die Fläche parallel zu I zu drehen... Im Ar ist der Punkt zwischen $Z''Z''$ Symmetriepunkt; im Sr ist M Symmetrieachse.

§ 48. Zylindrische Schnitte mit dem Zylinder. — Abb. 110.

Ein Rundstab durchdringt ein gebogenes Flacheisen. Links den

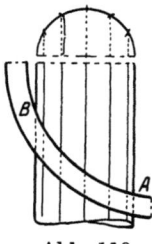

Abb. 110.

Sr suchen. Das Flacheisen kann auch nach oben oder S-förmig gebogen sein; stets wird der Sr so entwickelt wie der in Abb. 85. Darum kann Abb. 110 gleich neben Abb. 85 bearbeitet werden. Statt der Schnittellipse dort in wGr ist hier das Loch zwischen A und B, als in Blech geschnitten gedacht, abzuwinkeln, d. h. seine Mittellinie AB ist durch Aneinanderreihen ihrer Teile geradezustrecken (an freiem Platze); die Senkrechten zur AB in den Teilmarken erhalten die Klammerwerte, wie einer derselben im Hilfs-Gr über a zu sehen ist. — Der wirkliche Gr ist unnötig. — Etwaige Mantelabwicklung des Stabes genau nach Verfahren Abb. 37.

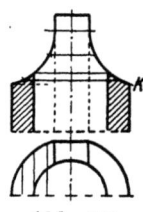

Abb. 111.

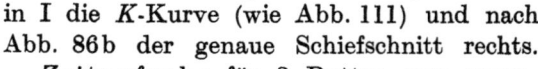

Abb. 112.

Abb. 111. Motiv: Konushülse. — Man nehme die Ausschnitte nicht viertelkreisförmig, damit im (vollen) Sr die zu suchenden 2 Kurven mit den Scheiteln nicht zusammenliegen. — Zur Lösung denke man sich Schichtenschnitte parallel zu I, wie solche in II und I schon angegeben sind.

Abb. 112. Motiv: Kanonenbohrer (nach rechts die untere Partie viel länger zu denken). Gesucht in I die K-Kurve (wie Abb. 111) und nach Abb. 86b der genaue Schiefschnitt rechts.

Zeitaufgabe für 3 Rotten zum gegenseitigen Vergleiche. — Man gebe über regelmäßigem Achteck als Gr eine Pyramide, ein Kuppeldach, ein eingezogenes Dach. Es genügen 3 solcher Dachflächen in jedem der Fälle; 1. die, welche als Linie erscheint; 2. die im Gr 45° geneigte; 3. die Frontfläche. Für die krummen Flächen ist in II der Grat zwischen Front- und 2. Fläche zu

Zylindrische Schnitte an Kegel, Kugel und Einziehung. 115

suchen. Außerdem soll aus jeder Fläche ein Zylinder ragen (alle von gleichem Durchmesser); alle aufrecht, d. h. parallel der Körperachse, oder alle wagerecht mit ihrer Achse die Hauptachse schneidend. Für Front- und Zwischenfläche ist nur je das Loch zu entwickeln. — Einfachste Lösung mit Schichtenschnitten parallel zu I.

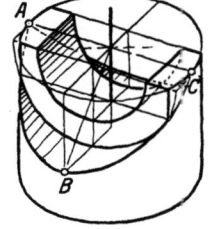

Abb. 113. Motiv: Gabel eines kleinen Kreuzgelenks. — Die halbe Ellipse ABC — beiderseits ist eine — gehört einem 45°-Schnitte an, der also im Sr als Halbkreis stehen würde. Dieser ist zugleich Riß des zylindrischen Schnittes. Alle 3 Risse suchen.

Abb. 113.

§ 49. Zylindrische Schnitte an Kegel, Kugel und Einziehung.
Abb. 114, 115, 116, stereometrische Übungen, für welche Be-

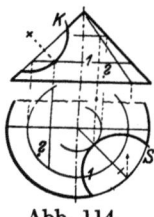 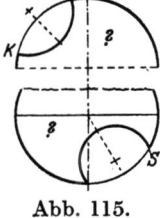 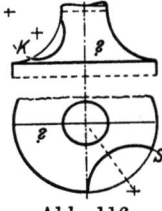

Abb. 114. Abb. 115. Abb. 116.

sprechungen an Hand von Skizzen genügen, oder es wird wohl etwas davon als Lückenbüßer auf dem Bogen untergebracht.

In jedem der 3 Körper, in Grundstellung auf I, ist je ein Schnitt S senkrecht zu I und K senkrecht zu II anzunehmen. In allen diesen Fällen dienen als Hilfe Schichtenschnitte parallel zu I. Im Körper ergeben sich dann Kreise, in K aber Ez; beider Schnittpunkte sind Kurvenpunkte in I. Der Hilfsschnitt ergibt mit S den S-Bogen selbst und der Schnittpunkt beider in II den Kurvenpunkt.

Beim Kegel können auch die Ez desselben benutzt werden; doch liefern sie an einigen Stellen sog. „lange" Schnittpunkte, die der Genauigkeit schaden. — Bei der Kugel können auch Schichtenschnitte parallel zu II Anwendung finden.

Abb. 117. Motiv: Reibahle, mit übertrieben tiefen Ausschnitten. Anwendung von Abb. 116 rechts. — Bei S'' entsteht

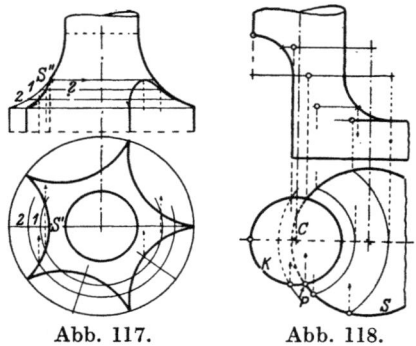

Abb. 117. Abb. 118.

eine stumpfe Ecke. — Ar fertigmachen, einen Sr suchen.
Abb. 118. Motiv: Prisonstift. Die Einziehung rechts ist Übergang der Fläche des dünnen Zylinders in eine ebene und wird von S geschnitten; der starke Zylinder läuft in die Einziehung links aus, die von K durchschnitten wird. — Die Lage vom Achsenpunkt C und der Radius von K sind so auszuproben, daß P und C nicht auf einer Geraden liegen. — Alles vormachen!

Abb. 119. Motiv: Kugelkäfig (Kugel als Ventilverschluß); in Wirklichkeit etwas höher. Unten am Körper Anwendung von Abb. 111, oben von Abb. 115 rechts. — Die neue Einkleidung stört die meisten Schüler so arg, daß die eine Seite ganz vorzukonstruieren ist, die andere Seite führen die Schüler als Ansicht aus. — Unten Schichtenschnitte $1-2-3$ parallel zu I, oben a und b parallel zu II; alle geltend für Außen- und Innenfläche. — Die Schüler haben die Neigung, die angeringelte Ecke auszurunden.

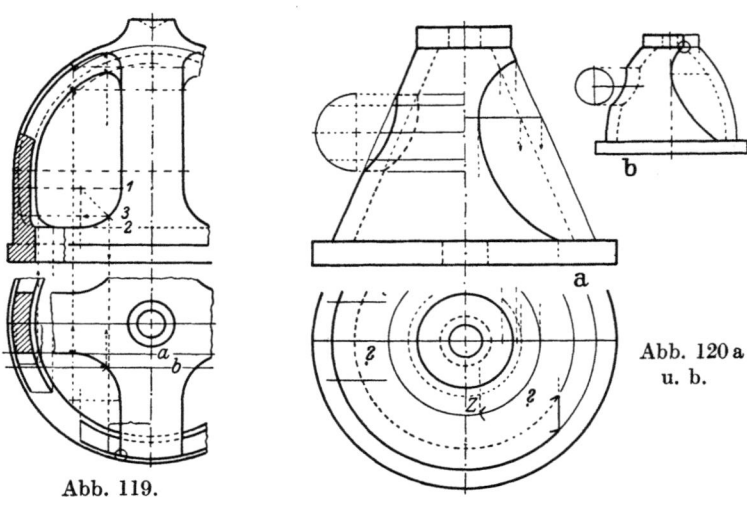

Abb. 119.

Abb. 120 a u. b.

Abb. 120a und b. Motiv: Regulatorbock. — Beliebig geformter großer Ausschnitt, der unten keinen Wandungsrand stehen lassen soll, oben wie in a oder b abschließen kann. — Derselbe Schichtenschnitt für Außen- und Innenfläche muß im Gr zweierlei ausgezogen werden. — Die Schüler vergessen gern im Gr die Grenz-Ez bei Z (Abb. a) auszuziehen. — Für das seitliche zylindrische Loch neue Schichtenschnitte (in a schon oben gelegt). — In b lassen die Schüler die angeringelte Kante im Sr gern weg.

4. Die Schraube.

Die Schraube, ein Sammelwort für eine Menge Formen, ist dem Schüler darzulegen als eine neue Form der Bewegung, zunächst der eines Punktes. Hier sitzt das Grundproblem. Meistens ist diese Bewegung, für den Anwendungsfall, an die Oberfläche eines Umdrehungskörpers gebunden, vornehmlich an die des Zylinders. Am Zylinder ist sie am anschaulichsten zu erklären.

Zur Einführung ist das Nötige aus § 24 herauszuholen an Modell, Bild und Wort.

§ 50. 1. *Die Schraubenlinie am Zylinder* ist der einfachste Fall. — Hier kann der Zusammenhang der Schraube mit der schiefen Ebene gut veranschaulicht werden: man legt ein Zeichendreieck, dessen Hypotenuse die schiefe Ebene bedeutet, mit seiner Fläche berührend an einen aufrechten Zylinder; das Dreieck wird am Zylinder abgerollt. Die berührenden Punkte der Hypotenuse sind mit Kreide zu fixieren... Ist der bewegte Punkt wieder auf der Anfangs-Ez angekommen, so ist ein „Umgang" und eine „Ganghöhe" erledigt, denen nun weitere folgen.

2. *Der zur Ganghöhe einer Schraubenlinie gehörige Kegel.* Abb. 121. Nur Buchzeichnung zur Kenntnisnahme. — An eine Zylinder-Schraubenlinie wird die vorderste Tangente (parallel zu II) gelegt, indem ein Viertel der Linie abgewickelt wird. Das ergibt in I zunächst $1/4\, U = 1'4'$; in II ist $1''\,4''$ die Tangente, die auch den Neigungswinkel der Schraubenlinie mit I darstellt. Dieser $1''\,4''$ ist die Kegelseite AS parallel zu legen.

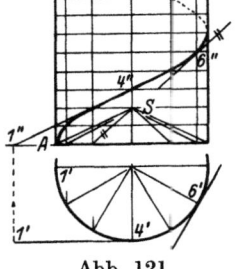

Abb. 121.

Zweck des Kegels ist, in jedem Punkte der Schraubenlinie die Tangente ziehen zu können. Jede ist parallel einer Ez des Kegels, in I wie in II: Tangente in 4' ist parallel der Ez 1', d. i. in II parallel der AS; oder Tangente in 6' ist parallel der 3', im Ar erhielten beide das Parallelenzeichen.

3. *Die Schraubenlinie auf dem Kegel.* Einteilen beider Risse mittelst Schichten und Ez. Im Gr entsteht eine **archimedische Spirale** als Weg der gleichmäßigen Bewegung eines Punktes auf einem sich gleichmäßig drehenden Zeiger. — Die Matratzenfeder dient als anschauliche Kegelschraubenlinie.

§ 51. Schraubenflächen entstehen durch Schraubung irgendeiner Linie um eine Drehachse, wobei die Linie stets die gleiche Lage zur Achse behält.

1. *Die senkrecht zur Achse stehende Schraubenfläche* (s. Abb. 47). Aufzeichnen im Buche von denen, die sie noch nicht kennen, sonst nur Besprechung oder Vorlegen eines geeigneten Modells.

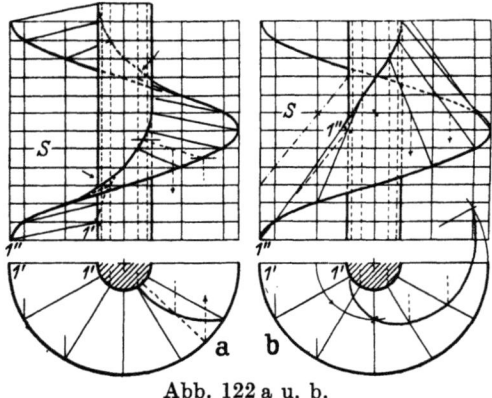

Abb. 122 a u. b.

2. *Die Wendel- oder gemeine Schraubenfläche* entsteht, wenn in Abb. 47 der zylindrische Kern wegfällt und der Durchmesser des Umhüllungszylinders sich emporschraubt. Der Ar ist ganz unanschaulich; doch gibt ein Stück steifer Gurt, torsiert, d. h. an den Enden entgegengesetzt gedreht, ein ungefähres Bild (doch darf er sich nicht zur Röhre zusammendrehen).

3. *Die geneigte Schraubenfläche* entsteht durch Schraubung einer Geraden, die geneigt zur Drehachse ist und sie schneidet (oder schneiden würde) oder an ihr vorbeigeht; ihre Lage zur Achse muß sie beibehalten. — Vormachen mit Bleistift und Papierrolle, Zeigen von gewissen langen Drehspänen. Hierzu Abb. 122a, b für 2 Rotten, einzelne Schüler lassen den Kernzylinder weg; 2 sehr verschiedene Neigungen nehmen (hier 1 und 6 Schichtenhöhen). Mindestens $1\frac{1}{2}$ Ganghöhen zeichnen lassen, damit beiderseits der Achse volle Ansicht der Fläche

entsteht. Alle Ez sind einzutragen im Ar, damit namentlich in Abb. 122a die Kurven des scheinbaren Umrisses gut gelingen (diese 2 Stellen sind durch kleinen Pfeil angedeutet); bei der steilen Form in Abb. 122b genügt als Umrißgrenze eine gemeinsame Tangente an beide Schraubenlinien; sie ist hier noch weggelassen.

Der Schichtenschnitt S in Abb. 122b: Der Punkt auf der Mittel-Ez in I wird bestimmt durch Herüberdrehen dieser Ez in II in die wL (Strichpunkt gezeichnet), Herunternehmen des Punktes und da Zurückdrehung nach 4'. Oder: Da die Projektion der Teilstrecken einer Geraden durch die parallelen Projizierenden immer wieder proportionierte Strecken ergibt (§ 36 B, Schluß von 1), so liegt der Punkt auf 4' um $^2/_6$ seiner Geraden vom Kerne ab wie im Ar auch; auf 5' sind es $^3/_6$ usf.

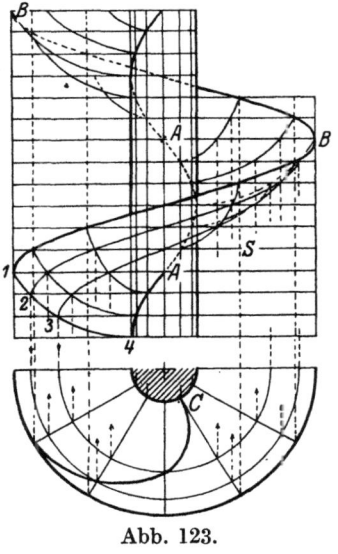

Abb. 123.

Die Schnittkurve ist also eine archimedische Spirale. — In Abb. 122a ist mitten zwischen 2 Ez des Gr eine neue eingelegt, hinaufgenommen..., so gibt ein 3. Punkt in I die Stärke der Krümmung an.

4. *Die krumme Schraubenfläche* Abb. 123 aus der Ez *1—2—3—4*. — Der scheinbare Umriß reicht von A bis B, blieb aber besserer Deutlichkeit halber hier weg. — Das Übergreifen des Schichtenschnittes S in I nach rechts von C ist durch den scheinbaren Umriß bedingt.

§ 52 A. **Der Schraubenkörper** entsteht durch Schraubung eines Profils, dessen Ebene am besten durch die Drehachse geht. Der am leichtesten verständliche ist der rechteckige (Abb. 48 und 49), der in Gestalt der „flachgängigen" Schraube sehr bekannt ist.

1. Abb. 124 gibt den zu Abb. 48 gehörigen *Mutter*körper, der immer aufgeschnitten dargestellt wird, so daß man gegen den hinteren Verlauf der Schraubenlinien sieht. Da für den Schraubenkörper (hier derselbe negativ) 3 Schichten verwendet sind als Höhe, so zeigt der Schnitt S im Gr 3 Felder dafür an.

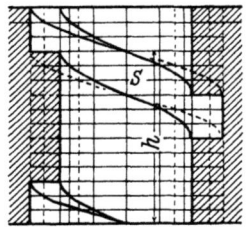
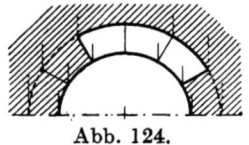
Abb. 124.

Wenn hier noch ein zweiter gleicher Schraubenkörper dazwischengelegt wird, dann erst entsteht ein Gewinde, das „zweigängig" heißt, da auf die Ganghöhe h 2 Körper und 2 Lücken kämen. „Eingängig" wäre das Gewinde (bei sehr kleiner Steigung), wenn je 6 Schichten für den Körper und die Lücke genommen würden; „dreigängig" wenn stetig 2:2:2 geteilt würde. — Der Schnitt S ändert sich dementsprechend im Gr.

2. Abb. 125a. *Der dreikantige Schraubenkörper* entstand durch Schraubung eines gleichschenkligen Dreiecks. Er ist Grundform des „scharfen" Gewindes und Verdoppelung der geneigten Schraubenfläche. Der Körper erhält erst Form, wenn links und rechts der Achse, über und unterm Profildreieck an die äußere und eine innere Schraubenlinie gemeinsame Tangenten als scheinbarer Umriß gezogen werden. Diese Geraden genügen, obwohl nach Abb. 122 eine ganz kleine Einziehung nötig wäre.

Für die Schnittfigur in I ist eine Ez in II einzulegen und ihr Schnittpunkt mit der S nach P hinabzuloten. — Oder, da jeder Schichtenschnitt eine Ez halbiert, so liegt auch P auf der Mitte der Ez.

Den Mutterkörper zeichnen die Schüler selbständig. Oder sie zeichnen ein „dreigängiges" Gewinde, indem sie noch 2 Schraubenkörper, deren Profile links im Ar zu sehen sind, dazugeben; mit entsprechendem Muttergewinde. Die Schnittfigur in I wiederholt sich dann noch 2 mal rhythmisch.

3. Abb. 125b. *Korkzieherfläche oder -körper.* Das sich emporschraubende Profil ist ein gleichschenkliges Dreieck, dessen Basis zur Drehachse wird; oder: die geneigte Gerade AB ist Ez. — Des scheinbaren Umrisses wegen sind alle Ez einzutragen.

Die Schnittfigur S in I besteht aus 2 symmetrischen Stücken archimedischer Spirale und zeigt, daß der Körper nur eine Fläche und eine Kante hat. — Zum Finden der Schnittfigur: Jede Dreieckseite wird in II durch die Schichtenlinien geviertelt; die Teilpunkte liegen in I auf Kreisen...

Der Schraubenkörper.

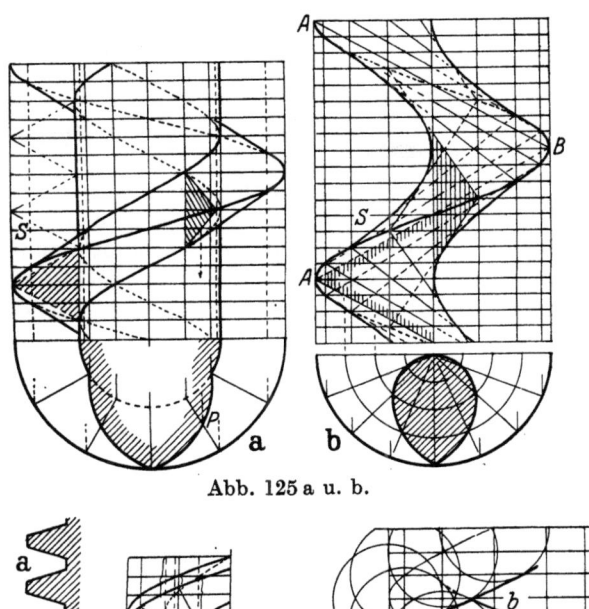

Abb. 125 a u. b.

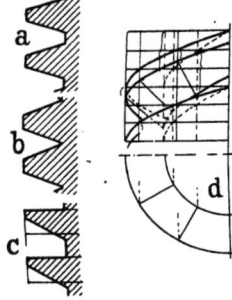

Abb. 126 a—d.

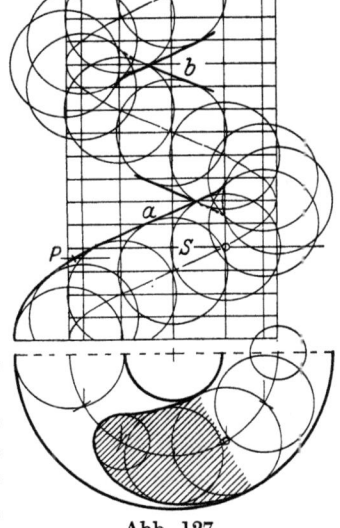

Abb. 127.

Abb. 126a, b, c zeigt Typen von trapezförmigen Gewinden und Abb. 126d die Darstellung von c mit Hilfe nur einer Schichtenteilung, weil die Profileckpunkte auf den Ez beider Zylinder stets die gleichen senkrechten Abstände voneinander haben.

4. Abb. 127. *Röhrenschraubenfläche oder -körper*. Sie entsteht durch Bewegung einer Kugel, deren Mittelpunkt einer Schraubenlinie folgt. An den Innenseiten (bei *a* und *b*) hat die Kurve des scheinbaren Umrisses 2 Spitzen, deren Verbindungslinie dem

Umrisse der äußersten Kugel folgen darf (Abb. 83). Man gebe diese Stelle nur bei a und lasse die Schüler selbständig weiterarbeiten.

Der Schnitt S ergibt in I eine symmetrische Figur, denn eine Kugel wird mitten durchschnitten, rechts und links von ihr je die 2 nächsten in kleineren Kreisen, die in I einzutragen sind. — Bei steilerer Schraubenlinie werden nur 3 Kugeln geschnitten, und es entsteht eine Schnittstelle, wie bei P angenommen ist. Da P nicht über der Schraubenlinie des Kugelmittelpunktes liegt, so muß zur Aushilfe eine Kugel links und rechts auf einer Zwischenschicht eingelegt werden, damit noch äußerste Schnittkreise für I entstehen.

Vorkommen dieses Schraubenkörpers als „Feder"; er wird im Fachzeichnen schematisch dargestellt.

§ 52 B. Einfache Anwendungen der Schraube. Abb. 128a. Motiv: Kupplung. — Rhythmische Anordnung von 3 Schrauben-

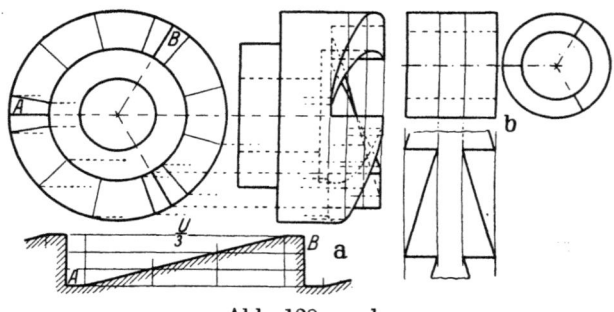

Abb. 128a u. b.

flächen. — Mitzugeben ist der Aufgabe eine Zahnform als Drittel des äußeren Umfanges. Die Dreiteilung des Kreisrisses kann beliebig liegen. — Der Lehrer entwickelt einen Zahn im Risse genau vor. Die Arbeit fordert vom Schüler viel Aufmerksamkeit. Möglichst groß zeichnen lassen.

Wenn statt der beistehenden Zahnform ein ∞-Bogen benutzt wird, der bei A und B rechtwinklig ansetzt, so ist die Zahnlänge (folglich auch seine Höhe) zu vierteln, weil die Übergangsstelle im ∞ beachtet werden muß; das weitere Verfahren ändert sich nicht.

Abb. 128b. Motiv: Riderdoppelschieber. — Verdoppelung der vorigen Übung, aber leichter wie diese, daher gut geeignet als selbständige Zeitaufgabe.

Abb. 129. Motiv: Pufferfeder. — Für die äußere Schraubenlinie ist eine Kegelfläche herzurichten, wie der Ar zeigt. — Ansatz: Die archimedischen Spiralen des Gr, annähernd aus Zirkelschlägen.

Abb. 130. Schnitt durch die Lücke eines Flachgewindes

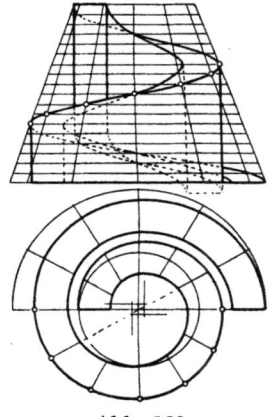
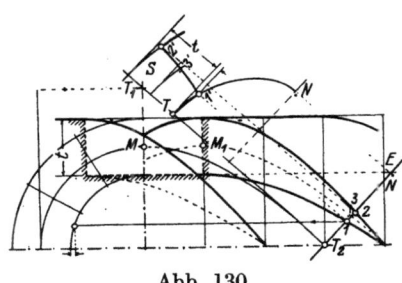

Abb. 129.   Abb. 130.

senkrecht zur Steigung. — Die schneidende E erhält die richtigste Lage — da die inneren und äußeren Schraubenlinien doch zweierlei Neigung haben — durch die Schraubenlinie $M - T_2$, welche dem Mittelpunkte M des Lückenprofils zukommt. — Zu ihrer Tangente $T_2 - T_1$ (s. Abb. 121) ist die E senkrecht durch T_2 gelegt. Dort zeigt sich, daß der Schnitt am Kerne die Breite $T_2 - 1$ hat, außen aber die größere Breite $T_2 - 2$.

S ist der halbe umgeklappte Schnitt E. Da E den Kern in einer Ellipse schneidet (halbe Achse = $T_2 - N$), so muß $T - 1'$ ein Stück dieser Krümmung sein, während $2'$ der äußeren Ellipse angehört. — Es fragt sich noch, ob $1' - 2'$ gerade, konkav oder konvex ist. Dazu hilft Punkt 3; er liegt auf der Schraubenlinie, die von M_1 kommt; er wird nach S projiziert.

Dieses Profil S ist wichtig für das Schneiden steiler Gewinde; da würde $T_2 - N$ die Richtung der Schneidkante des Stahles sein, doch wird dann $T - 1'$ nicht rund gehalten[1]).

§ 53. Verdrehte (torsierte) Profilstäbe. — Bis jetzt wurden Schraubenkörper behandelt, deren axial liegendes Profil durch Schraubung den Körper erzeugte. Durch Verdrehen eines Profil-

---

[1]) Über das Fachliche siehe Hippler: Die Dreherei und ihre Werkzeuge. Berlin: Julius Springer 1918. Dort auch die graphische Ermittlung der Brustform des Stahles in Abb. 207.

stabes an seinen Enden in entgegengesetzten Richtungen entstehen auch Schraubenformen. Flach-, Quadrat- und Fassoneisen werden oft so behandelt, um Zierformen zu erzielen (siehe Musterbücher von Walzwerken, Eisengitterzäune, Schmuckstäbe oder Stützen in Drechslerarbeit u. a.). — Zeichnerisch werden diese Formen vom Profile des Stabes aus entwickelt.

Abb. 131 gibt den einfachsten Fall mit dem Quadrateisen. — Die *1—2—3* ist der scheinbare Umriß (Axialschnitt). — Wegen dieser Höhlung der Flächen befremdet den Schüler der überall geradlinige Querschnitt. Ein Stoß Schreibhefte wird ihn beschwichtigen: geeignet geschichtet, bilden die Ecken Schraubenlinien, zwischen denen die Hohlflächen liegen, und doch ist jedes Buch ein Schichtenschnitt.

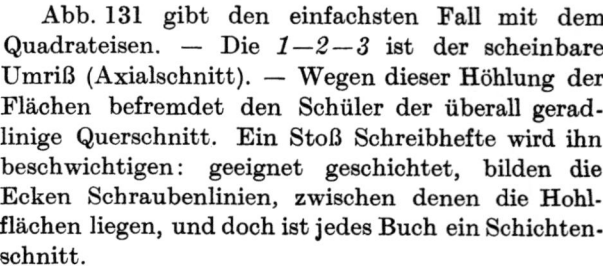

Abb. 131.

Schraubenrad und Propeller in Kapitel 8.

5. Durchdringungen.

§ 54. Eine Menge technische Gebilde sind im ganzen vielfach Durchdringungen von Körpern, deren Oberflächenverschnitt zeichnerisch zu bestimmen ist. — Wenn wir die Abb. 86a, 87b, 110, 114—116, 119, 120, die als Schnittübung behandelte Durchdringungen sind, genauer besehen, so beruht letzten Endes die Lösung aller, der Schnitte wie der Durchdringungen, auf dem

Grundproblem: Es ist der Durchstoß einer Linie mit einer Fläche zu gewinnen. Die Reihe dieser gewonnenen Punkte ergibt die einzelne Schnittfigur oder den Verschnitt der Oberflächen zweier Körper.

Bei genügender Zeit kann man mit dem Grundproblem beginnen, d. i. ein Beginn mit abstrakten Formen, die freilich manchem Schüler schwerer eingehen als die wirklich handgreiflichen.

Es stellt sich dann die folgende Stoffgruppierung heraus, bei der jedoch nur begrenzte Ebenen, nicht die durch ihre Spuren in den Tafeln bestimmten, beachtet werden sollen.

3 Gruppen von Durchdringungen:

a) Solche von Geraden mit begrenzten Ebenen oder mit Körpern;

Übersicht wichtiger Lagen. — Durchdringung von 2 Umdrehungskörp. 125

b) solche von begrenzten Ebenen mit ihresgleichen oder mit Körpern;

c) solche von Körpern mit Körpern.

Wir wollen uns nur mit der Gruppe c) beschäftigen und auch hier nur die Durchdringung der Umdrehungskörper beachten, da sie für uns formalen und praktischen Zweck vereinigen. — Gruppiert man nach der Lage der Achsen von zweien, die miteinander ein Ganzes bilden, so kommt man zu folgendem:

Gemeinsame Achse, parallele, sich schneidende, sich kreuzende Achsen; dazu kommen noch Lagen einer geraden Achse zu einer krummen oder zweier krummer zueinander. — Die Lage eines Achsenpaares im Projektionseck wird für Übungszwecke möglichst einfach angenommen. — Obige Reihenfolge entscheidet nicht über den Grad der Schwierigkeit des einzelnen Falles.

§ 55. Die Lösung bei Durchdringung von 2 Umdrehungskörpern geschieht, wenn nicht mit Hilfskugeln, so doch, wenn irgend möglich, mit ebenen Hilfsschnitten. Jeder muß beide Körper schneiden oder doch den einen noch berühren; die Berührlinie gilt als Schnittlinie. Die Schnittpunkte der Schnittfigur des einen Körpers mit der des anderen sind gemeinsame Punkte beider Oberflächen, d. h. Punkte der zu suchenden Verschnittlinie.

Der einzelne gegebene Fall ist zunächst darauf anzusehen, ob die Hilfsschnitte gerade und kreisförmige Umgrenzung ergeben; wenn das ist, so ist der Gegenstand so aufzustellen, daß die Schnitte auch in den Rissen so erscheinen. Diese Lagen machen die wenigste Mühe, und Gerade und Kreis lassen sich am exaktesten zeichnen, was für die Genauigkeit sehr wesentlich ist.

§ 56. Übersicht wichtiger Lagen, wobei zur Lösung nur ebene Hilfsschnitte nötig sind, die gerad- und kreislinig umgrenzt sind (s. § 55). Abb. 132—136.

Abb. 132a—d, Zylinder und Zylinder, Achsen rechtwinklig oder schief zueinander; als Gr gedacht.

Abb. 133a—e, Zylinder und Kegel, als Ar gedacht; in a könnte der Zylinder auch beide Seiten berühren.

Abb. 134a—c, Zylinder und Kugel (der große Kreis). In c könnte auch der kleine Kreis die Kugel sein (Gr).

Abb. 135a—d, Kegel und Kugel (Ar).

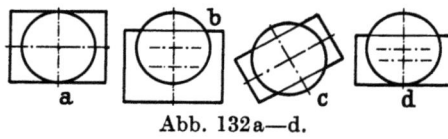

Abb. 132a—d.

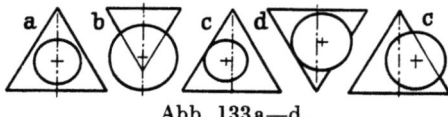

Abb. 133a—d.

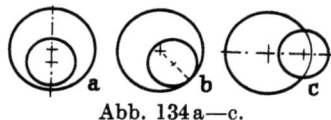

Abb. 134a—c.

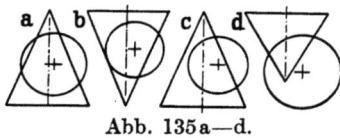

Abb. 135a—d.

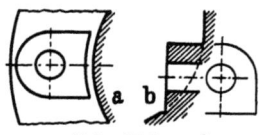

Abb. 136a u. b.

Abb. 136a, b, Einziehung und Zylinder; a ist Gr, b ist Ar. In b statt wie hier auch Zylinder oder Kugel, ebenso in a. Alle diese Beispiele können durch Schnitte parallel zu I gelöst werden, wenn Abb. 132 nur rechtwinklige Lage der Körperachsen besteht; bei schiefer müssen die Schnitte senkrecht zu I sein. — In Abb. 133 sind auch Schnitte senkrecht zu II brauchbar, wenn alle durch die Kegelspitze gehen. — In Abb. 134 sind Schnitte parallel zu II auch zweckdienlich. — An den Berührstellen zweier Körper tritt nicht Berührung zweier Verschnittkurven ein, sondern Schnitt wie z. B. Abb. 141 im Gr.

Es ist zu empfehlen, bei diesen Skizzen an der Tafel durchzusprechen, in welchem Falle und wo Geraden oder Kreise beim Hilfsschnitte entstehen, als Probe auf die Vorstellungsfähigkeit.

§ 57. Einzelne Ausführungen zu § 56. Der Schüler soll bei jedem zu bearbeitenden Beispiele angeben, welcher „reine" Fall der Übersicht vorliegt. Er soll lernen, im besonderen Beispiele den Allgemeinfall zu erkennen, dann ist er wenig verlegen um den Weg zur Lösung.

Abb. 137. Übergangsform vom zylindrischen Schnitte zur Durchdringung. — Abb. 137 ist fast Abb. 132d; wird mit Wandstärken gearbeitet, so sind in den Hilfskreisen die inneren Ez radial zu den äußeren zu ordnen und das Verfahren für die innere Verschnittkurve ist zu wiederholen.

Abb. 138. Motiv: Krümmer mit Stutzen; die Achsen beider sollen sich nicht schneiden; Stutzenachse senkrecht zur Krümmerebene. Annähernd Fall Abb. 132d. — Schichtenschnitte parallel zur Krümmerebene oder, was auf dasselbe hinausläuft, zylindrische Hilfsschnitte senkrecht zur Krümmerebene. —

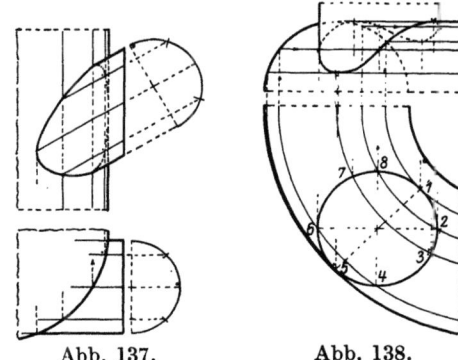

Abb. 137.   Abb. 138.

Einige Punkte in II sind genau vorzukonstruieren. Die wichtigsten sind: die tiefsten (*1* und *5*), die höchsten (*3* und *7*), die seitlichen (*2* und *6*), die übrigen sind Leitpunkte.

Die Kurve ist sorgfältig erst freihändig nach Gefühl durch die konstruierten Punkte sauber zu legen, nur so erhält sie die rechte gefällige Form. — Wird Punkt *5* Berührungspunkt, dann entsteht dort im Ar eine Spitze.

Liegt der Stutzen in der Krümmerebene, radial oder nicht, oder ist er, in dieser oder jener Lage, der stärkere Zylinder, so wird doch mit denselben Schichtenschnitten gearbeitet.

Bei Röhrenform, mit innerer Verschnittkurve, Maßstab stark vergrößern.

Abb. 139a. Motiv: Flammenrohr mit eingebautem kegelförmigen Stutzen, dessen Achse parallel zu II ist. — Als Ansatz ist gegeben im Ar der Kreis nebst Mittellinie und Grenz-Ez des Stutzens, in I das Rechteck des Zylinders und die Kegelachse (abgeänderter Fall Abb. 133b). — Warum sind Schichtenschnitte parallel zu I unvorteilhaft? — Es sind Schnitte zu benutzen senkrecht zu II, welche beide Körper in Ez schneiden. Dazu ist der Kegel zu einem geraden Stumpfe zu ergänzen, um in diesen erst in II, dann in I die Ez eintragen zu können. — Der weitere Verlauf für I ist genügend angedeutet.

Zu beachten: Die Ez *4* und *10* sind in I, bei einfach geneigtem Kegel stets, nicht Grenz-Ez, sondern solche sind die Tangenten an die Ellipse, die es auch für die Verschnittkurve bleiben.

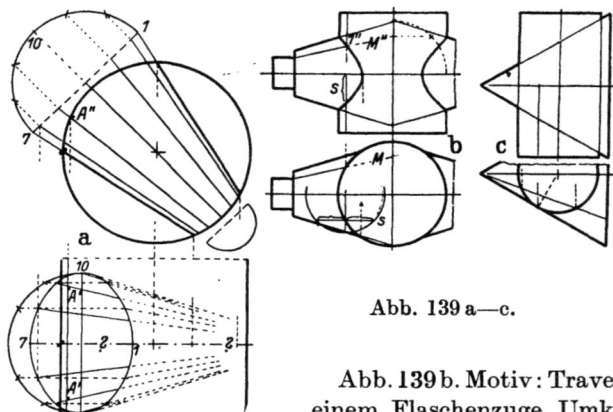

Abb. 139 a—c.

Abb. 139b. Motiv: Traverse von einem Flaschenzuge Umkehrung des Kegels von Abb. 133b. Hier zweierlei Lösung (für 2 Rotten). Da der Kegel nicht aufrecht, wie in Abb. 133, so wurde bei s ein Hilfsschnitt parallel zu III gelegt, dessen Kreisschnitt im Kegel in I herumgeklappt ist, um die Sehne s zu erhalten, die in II einzusetzen ist. — Bei M wurde die Aufgabe als zylindrischer Schnitt im Kegel aufgefaßt. — Der Sr ist mitzuzeichnen.

Abb. 139c. Fall Abb. 133a, aber der Zylinder berührt beide Kegelseiten. Ar und Sr suchen. Hier ist für die Kegel-Ez achtteiliger Grundkreis gewählt. Im Ar müssen 2 Geraden als Verschnitt entstehen.

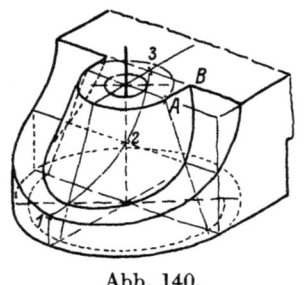

Abb. 140.

Abb. 140. Motiv: Meißelhalter. Fall Abb. 133b und 132b. Doppelaufgabe: Zylindrischer oder elliptischer Schnitt, oder schräger Schnitt in krummen übergehend, der sowohl eine Zylinder- als auch eine Kegelfläche schneidet. — Der Kegel geht von A nach B hin in eine gerade Dachfläche über. — Erst den Ar zeichnen, in welchem das Schnittprofil *1—2—3* zu sehen ist, dann den Gr, endlich den Sr. — Wagerechte Schichtenschnitte.

Für die Aufgabe Abb. 141 ist zu empfehlen, Abb. 134a, b, c auf 3 Rotten verteilt als Vorspiel zu geben. Der Zylinder am besten stets in der 45°-Stellung von Abb. 134b, da dann in II die

2 getrennten Kurven von a, die 8-förmige von b, die offene von c sich vorteilhaft zeigen und der Sr gespart werden kann.

Abb. 141. Gußstück von einer Dampfleitung. Fall Abb. 134b. Schnitte parallel zu I benutzt; der Schüler nehme solche parallel zu II und lege deshalb den Röhrenquerschnitt in I an.

Abb. 142a, Fall Abb. 135b. — Zur Ermittlung der Kurvenpunkte auf der Mittellinie in II (ohne Sr) ist der Mittelschnitt (parallel zu III) in II hineingedreht: der Schnitt im Kegel deckt sich dann mit dem Ar des Kegels, der Schnitt in der Kugel gibt den feinen Kreis, und A und B sind die Punkte. Sie werden zurückgedreht und durch Schichtenschnitte in A und B nach I gebracht; ebenso ein Punkt rechts unterm Schnitte A. —

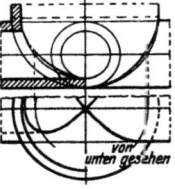

Abb. 141.

Für den Gr ist wichtig, festzustellen — zuerst auf der fertigen Kurve in II —, wo auf dem Äquator die Übergangsstelle aus dem sichtbaren in den verdeckten Teil erfolgt.

Abb. 142b. Motiv: Lagerdeckel mit Schraubenangüssen. Fall Abb. 135a oder b. — Der Lehrer lasse auch die rechte Seite des Deckels anlegen und dann so verteilen: links ein Anguß auf der wage-

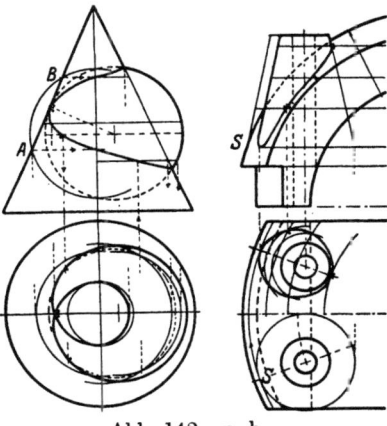

Abb. 142a u. b.

rechten Mittellinie, welcher, zuerst fertiggemacht, die Höhen für die 2 Angüsse der rechten Seite liefert. (In der Praxis nur einer oder beide jederseits.)

Werden sofort beide Kegel angelegt, so ist doch der Mittelkegel als Ansatz zu nehmen (hier fein ausgezogen), und seine tiefste Stelle S und seine Achse sind in die geforderte Lage einzuschwenken. — Die Kurvenpunkte, außer den 2 Scheitelpunkten, entstehen zuerst in I. — Sr suchen, für den Doppelfall beide.

Einfacher liegt die Aufgabe dem Verständnisse der Schüler, wenn zylindrische Angüsse benutzt werden; dann können auch

Hilfsschnitte parallel zu II dienen. In unserem Falle müssen wagerechte zur Verwendung kommen als einfachste. Warum?

§ 58. Durchdringungen, die mittels Kugelschnitten gelöst werden. — Es kommen dabei nur Umdrehungskörper in Frage, deren Lage zueinander so ist, daß ebene Schnitte in einem der Körper weder Kreis noch Gerade bringen würden. Da sind oft **Hilfskugeln der kürzeste Behelf, weil sie Gerade und Kreis ermöglichen.** — Der Sinn dieser Lösung ist in der Regel 2—3 mal zu erklären, ehe er geläufig genug ist für die zeichnerische Ausführung.

Die Kugel verschneidet sich mit jedem Umdrehungskörper (außer in gewissen Fällen mit dem Ringwulste) in einem **Kreise, wenn die Drehachse durch den Mittelpunkt der Kugel geht** (Drehbankarbeit). Diese Kreisebene liegt senkrecht zur Drehachse und erscheint als Gerade in einer Tafel, wenn die Achse parallel zu dieser Tafel ist. —

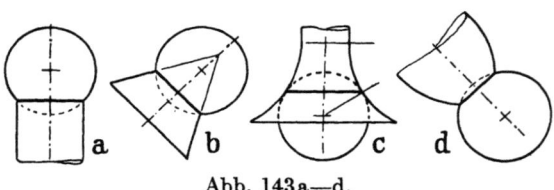

Abb. 143a—d.

Abb. 143 gibt 4 solcher Fälle, in c auch den Grenzfall mit der nur berührenden Kugel, die bei jedem Umdrehungskörper möglich ist.

Die Gerade, als welche der Verschnittkreis erscheinen kann, ist das Lösungsmittel. — Wenn statt einer Drehachse ihrer 2 durch denselben Mittelpunkt der Kugel gehen, so werden beide Körper von derselben Kugel (sie muß groß genug sein) in je einem Kreise geschnitten. Diese Kreise schneiden sich dann selbst (da sie auf derselben Kugel liegen) in 2 Punkten, die beiden Körpern gemeinsam sind, also Punkte der Verschnittkurve sind. — Natürlich müssen beide Kreise als Geraden im selben Risse auftreten. Daher sind

Bedingungen für diese Fälle: Die Drehachsen der Körper müssen sich schneiden, beide müssen parallel einer Tafel sein, und der Schnittpunkt der Achsen ist der Mittelpunkt M der

Durchdringungen, die mittels Kugelschnitten gelöst werden. 131

anzuwendenden Kugeln. — Die Achsen können senkrecht oder schief zueinander sein.

Sehen wir daraufhin Abb. 142a an, so liegt die Kugelachse wagerecht, und der feine Kreis ist Hilfskugel; die Pfeillinien durch A und B sind die Kreise im Kegel, während der mit der gegebenen Kugel in die Mittellinie des Ar fällt. (Gibt oberen und unteren Punkt.) Geeignete Probekugeln, von denen die Kegelschnitte schon da sind, würde die anderen selben Punkte ergeben.

Geeigneter zum Verständnis der zeichnerischen Lösung ist

Abb. 144, Kegel und Zylinder. Der Gr ist nicht nötig. — Einschärfen: Die einzelne Verschnittgerade ist senkrecht zu ihrer Körperachse!

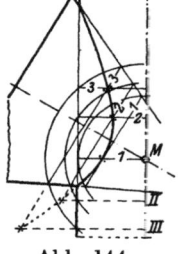
Abb. 144.

Die kleinste Kugel, die den einen Körper berührt, den anderen aber schneidet, gibt im Zylinder die Gerade *1* und im Kegel die *1*. Beider Schnitt ist der 1. Punkt (Scheitel). Die nächstgrößeren Kugeln geben die 2. und 3. Punkte (die in der Luft liegenden ermöglichen genauere Form der wirklichen Kurve).

Abb. 145. Motiv: Ringgriff, Umkehrung von Abb. 144, da der Zylinder in den Kegel dringt. Die kleinste Kugel berührt den Kegel, ergibt den Scheitelpunkt usw. — Die Kugeln haben mit dem Ringe Schnitte, die als Kreise gelten können, so wenig weichen sie vom Querschnitt des Ringes ab.

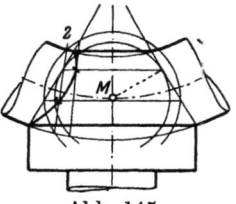
Abb. 145.

Abb. 146 ist der Kegel gegeben und eine berührende Kugel. Der Zylinder oder 2. Kegel soll die Kugel auch berühren. — Jedes der Beispiele mit senkrechten und mit schief sich schneidenden Achsen für 2 Rotten. — Die Konstruktion erbringt gerade Linien, d. h. Ellipsen als Verschnittkurven (wie in Abb. 132a).

Abb. 146.

Man übergehe diese Fälle nicht; sie treten bei den Abwicklungen in besonderer Anwendung auf.

Abb. 147. Einziehung und Zylinder. — Ähnliches an Kransäulen (oder statt Zylinder ein Kegelstumpf mit der Verjüngung

9*

nach außen) als Auslegerauge. — Die Berührstelle B der kleinsten Kugel genau bestimmen mittels der Zentrale MC. — Die Wagerechten im Ar (durch B ging die erste) werden zur Herrichtung des Gr gebraucht.

Abb. 148. Motiv: Wasserabscheider. (Ellipsoid und Kegel.) — An der Tafel ist nicht mehr zu geben als hier. — Links Innen-, rechts Außenkurve; im Gr auf einer Seite die Innen-, auf der anderen Seite „von unten gesehen" die Außenkurve. — Für die Punkte in der Höhenlage M wird ein wagerechter ebener Schnitt im Gr durchgeführt.

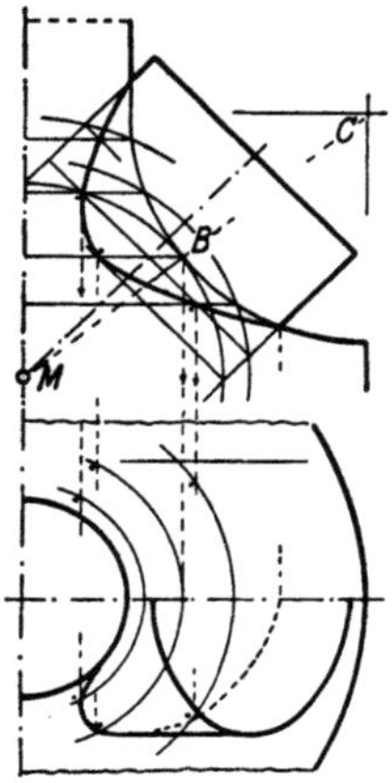

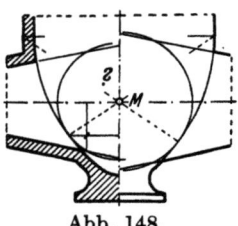

Abb. 147.   Abb. 148.

Abb. 149. Motiv von einer hydraulischen Hebevorrichtung. Die gemeinsame Berührkugel für Einziehung und Kegel läßt den größten Kegel für diesen Achsenschnittpunkt zu. — Sr, auch hintere Hälfte des Gr, ist zu zeichnen. — Die Einziehung geht unten in ein Vierkant über, dessen Schnittkurve k Wiederholungsübung für Abb. 101 ist; seine Seitenwand schneidet in den Kegel ein, so daß die Verschnittkurve v dort am Kreise abgebrochen wird.

Gang der Arbeit. Erst die Vierkantkurven im Ar und Sr suchen. Dazu ist das Vollrund der Einziehung bei Z festzustellen, welcher Punkt auch die wagerechte Kreis kante in II angibt, auf der die k bei $1''$ endet.

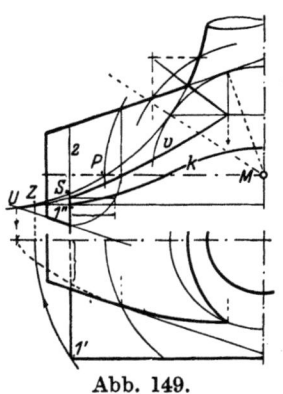

Abb. 149.

Von $1''$ bis S reicht die Seitenwandkurve, die in III als Zirkelschlag genügt. In III wird gleich der Kreisschnitt 2 mit angegeben, an dem der Sr der v enden wird. Dieser Kreisbogen gibt auch für II die Höhenlage des Endes der v zwischen $1''$ und S an. — Hier in der Figur ist ohne den Sr anders verfahren: wenn Kegel und Einziehung nach links fortgesetzt werden, so ist bei U der Schnittpunkt ihrer beiden Mittelebenen, wo auch der Scheitel der v liegen muß. Durch diesen wird die v-Stelle zwischen $1''$ und S bestimmt. Von dort ist eine Sehne in den herumgeklappten Kreis 2 gelegt, deren Länge im Gr angibt, wie weit hier die Äste der v von der Mittellinie abliegen. — Der Punkt für v, der zugleich im Gr Wendepunkt für den sichtbaren und den verdeckten Teil der Kurve wird, ist zu gewinnen durch den Schichtenschnitt MP oder durch die Kugel, die durch P gelegt werden muß, da ja ihr Schnitt MP mit der Einziehung schon da ist.

§ 59. Durchdringungen, die weniger bequem zu lösen sind wie die bisherigen. — Es sind nicht solche gemeint, bei denen die 2 Körper eine recht „gesuchte" Lage haben. Dergleichen vermeidet die Praxis möglichst. Gemeint sind Fälle, wo der ebene Hilfsschnitt für seine Spur im einen Körper selbst besonderer Ermittlung bedarf. — Es ist von Fall zu Fall zu untersuchen, wie man zeichnend am besten verfährt.

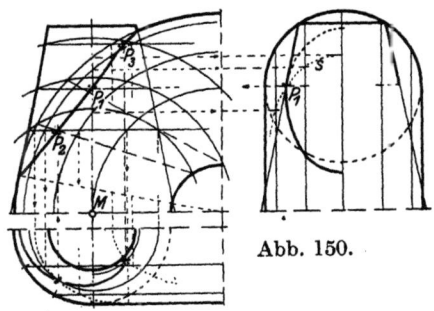

Abb. 150.

Abb. 150. Wulst und Kegel. Motiv: Krümmer mit Druckauge. Die Kegelachse, in einer Ebene mit der Wulstachse, berührt diese Achse. — Ist der Kegel senkrecht zur Wulstebene, dann dienen Schichtenschnitte, die beide Körper in Kreisen schneiden.

In unserer Figur müssen beide Kurvenscheitel auf dem äußersten Kreise des Wulstes liegen. Die größte Breite findet sich bei P_1 im Sr in wGr durch den Axialschnitt des Kegels (parallel zu III), der im Wulste den Schnitt s macht, welcher erst mittels der Schichtenschnitte des Wulstes zu suchen ist. Beider Schnittpunkt ist P_1. — Die Zwischenpunkte P_2 und P_3 können sofort in II durch parallele Schnitte zu II, oder erst in I durch parallele Schnitte zu I (wie hier geschah) ermittelt werden; sie ergeben wenigstens im einen Körper bequem Kreis und Gerade. Schnitte parallel zu III sind in dieser Hinsicht unvorteilhaft.

In II ist hier noch die Annäherungskonstruktion von Abb. 145 versucht, als nachträgliche Probe. Die 3 Hilfskugeln für P_2, P_1 und P_3 wurden daher so gelegt, daß ihre Schnitte mit dem Kegel mit den schon in I benutzten Schichtenkreisen zusammenfielen. — Für P_2 „stimmt" die Kugelprobe noch, wenn auch der Kugelschnitt im Wulste kein Kreis mehr ist. Aber P_1 rückt zu weit nach links ab. Bei P_3 rückt alles so nahe zusammen, daß von Probe nicht zu reden ist.

6. Abwicklungen.

Einige Abwicklungen haben die Schüler schon als Vorausnahme kennengelernt (Pyramide und Zylinder). — Auch die wGr einzelner ebener Figuren ist öfter bestimmt worden, falls solche als Gerade in einem Risse erschienen. — Die einzelne Linie wurde in wL ermittelt Abb. $68d_{2-4}$; in Abb. 85 mußte der Kreis als Grundlinie des Mantels, in Abb. 110 der Bogen AB als Mittellinie eines Loches geradegestreckt werden; Abb. 121 und 130 wurde ein Stück Schraubenlinie als Tangente abgewickelt.

§ 60. Ausstrecken krummer Linien; namentlich Mittellinien von Rohren. Es treten dabei Fälle auf, die für die richtige räumliche Vorstellung nach Rissen dem Schüler ganz ungemeine Schwierigkeiten machen; kaum weniger auch im Modelle (Draht), wenn dieses in Rissen fixiert werden soll. — Zu unterscheiden:
1. Die Krümmung liegt in nur einer Ebene;
2. die Krümmung liegt in aneinanderstoßenden Ebenen;
3. die Krümmung ist schraubenlinig oder aus 2 und 3 zusammengesetzt, womit die freien Formen anheben.

Hier soll nur die zeichnerische Ermittlung beachtet werden.

Zu 1. Abb. 151, im Hilfsrisse (parallel dem Gr) ist die wahre halbe Ellipse zu suchen.

Zu 2. Den Übergang nach hier gibt ein leicht lesbarer Fall: In Abb. 151 wird an einem Ende des Gr eine Wagerechte nach links oder rechts angesetzt, die im Ar als Bogen in wGr erscheint.

Abb. 151.

Abb. 152. In den Abb. a und b sind die wL der Bogen zwar leicht zu bestimmen, da sie einzeln in wGr vorliegen; aber das richtige räumliche Vorstellen, ohne welches jenes Ermitteln nur mechanische Arbeit wäre, ist hier eine harte Nuß; noch mehr in Abb. 152c, wo Bogen k verkürzt erscheint. Da hilft nur Über-

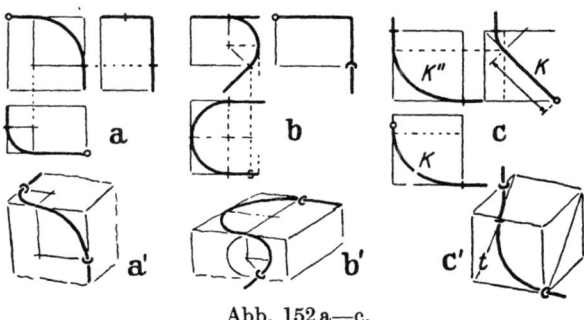

Abb. 152a—c.

setzen der Risse in Perspektive; die c' macht auch klar, daß t gemeinsame Tangente für beide Bögen ist, was in der Umklappung, in der die wahre Krümmung ausgebildet wird, zu beachten ist.

Zu 3. In Abb. 153 sind t und s der Lage nach gegeben. Es ist eine Verbindung zu schaffen durch Viertelumgang einer zylindrischen Schraubenlinie und Kreisbogen. — Zunächst den Gr zeichnen. Da die Schraubenlinie in II knicklos von t'' herkommen muß, so sind in II die Schichtenhöhen für diese Schraubenlinie zu finden. Dazu dient erstens ihr Gr, der geradegestreckt wird (Verlängerung von t'), daraus folgt die wL in II (Verlängerung von t''), wo die Punkte $1—2—3$ die Schichtenlinien angeben...

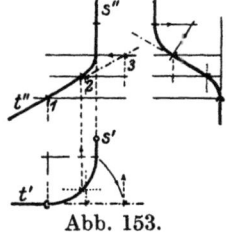

Abb. 153.

Im Sr wird an das obere Ende der Schraubenlinie die Tangente gesetzt (Neigung von t'') und der Mittelpunkt des Kreisbogens bestimmt.

Von 3 ab ist nur die Länge des Kreisbogens anzutragen, um von 1 ab die ganze Länge dieses Krümmers zu haben.

Die Ermittlung der wGr einer ebenen Figur in allgemein schräger Lage wird Kapitel 7 behandelt (Abb. 178, 179).

§ 61. **Abwicklung des geraden Kreiskegels.** Er ist aufzufassen als Pyramide mit 8, 12, 16 Schrägkanten, doch zeigt die Kegelseite ohne weiteres die wL derselben.

Im Anschluß an Abb. 99 ist noch der Ellipsenschnitt nachzuholen.

136 Ausführungen.

Die Abwicklungen des Kegels sind gut geeignet, dem Schüler summarische Verfahren der Bestimmung von wL zu zeigen, die aber doch nur auf Abb. 68 d_2, d_4 oder d_3 beruhen.

Abb. 154. Motiv: ein Schirm. — Der Ansatz in II zeigt eine Schräge als Ellipsenschnitt und 2 zylindrische Schnitte als Aufgaben; für 3 Rotten. Der Sr bleibt weg. — Es gilt für alle 3 das gleiche zeichnerische Verfahren: Die Schnittpunkte auf den Ez in II werden in die zugeordneten Ez in I gelotet. Doch für den auf der Mittel-Ez ist Schichtenschnitt nötig. — Die Schüler zeichnen den ganzen Gr und den ganzen Mantel.

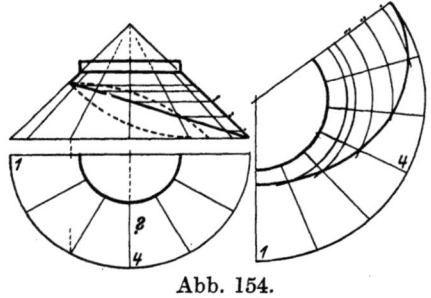

Abb. 154.

1. Die Abwicklung geschieht vom Ganzkegel aus nach dem Verfahren, das am elliptischen Schnitte jetzt erläutert wird. — Es handelt sich vor allem darum, die wahren Abstände der einzelnen Schnittpunkte auf den Ez von der Spitze S aus zu erfahren. Das erläutere man so: Die Grenz-Ez in II haben wL (ihre Gr sind parallel zu x). — Mit dieser wL als Radius wird der fächerartige Stumpfmantel aufgerissen. — Denkt man nun den Schirmkegel um seine Achse gedreht (Mimik mit einer Hand genügt), so wird jede Ez einmal Grenz-Ez, wird also wL und nimmt ihren Schnittpunkt mit dorthin auf seinem eigenen Kreiswege, der in II wagerecht liegt. Dort stehen also (hier rechts) alle Abstände von S, die nun im Mantel auf den entsprechenden Ez abzusetzen sind.

Für die hier benutzten zylindrischen Schnitte ist zu beachten: Die Übergangsstelle des nach unten gebogenen Schnittes in den Grundkreis ist in II genau anzugeben, denn auch in I und im Mantel hat die Kurve an dieser Stelle ohne Knick in den Kreis überzugehen. — Der andere Schnitt ergibt stets eine deutliche Ecke.

Der Mantel des Kegels, der im Ar ein gleichseitiges Dreieck ist, ist ein Halbkreis.

2. Der Kegelstutzen in Abb. 139a wird abgewickelt, wie soeben gezeigt wurde, vom Ganzmantel aus. — Das große Loch dort, im Zylindermantel, wird gefunden, wie zu Abb. 110 angegeben ist.

Jeder irgendwie abgeschnittene Kreiskegel ist zwecks Abwicklung erst mit einem Grundkreise zu versehen, der die Abwicklungsbasis wird.

3. *Der gerade elliptische Kegel* mit der Grundfläche in I, der Großachse der Ellipse parallel zu x. — Ein Viertel der Ellipse ist einzuteilen für die Fußpunkte der Ez, die aber nicht in II einzutragen sind, weil dort die wL der Ez entstehen sollen nach Verfahren Abb. 68 d_2.

§ 62. **Abwicklung des schiefen Kegels** oder Stumpfes. Abb. 155. — Die Achse ist parallel einer Tafel zu legen. — Im Stumpfe teilen zwar die Ez in I (wie hier) den kleinen Kreis proportional

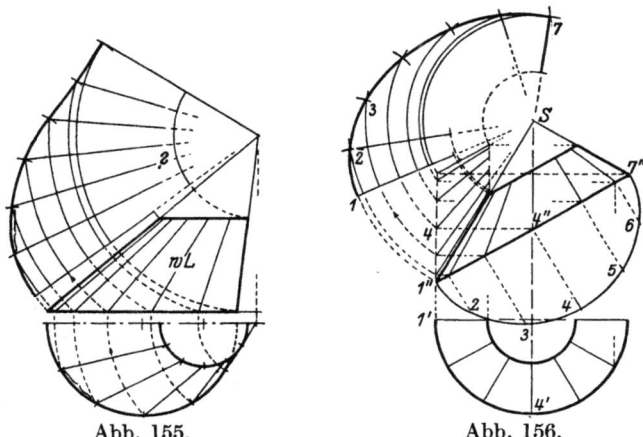

Abb. 155.   Abb. 156.

dem großen, doch ist es besser, auch in ihm die Teilung mit dem Zirkel anzumerken. — Der Ar dient, um alle wL der Ez in ihm beisammenzuhaben. — Das Drehen dieser Ez in I, um die gemeinsame Achse, muß den Schülern mit dem Zeichendreiecke vorgemacht werden, ehe das Zeichnen erfolgt. Am Mantel ist vorzumachen ein paarmal, wie jedes Dreieck aus seinen 3 Seiten zu bilden ist.

Abb. 156. Der schiefe Kegelstumpf, aber die Achse ist senkrecht zu einer Tafel. — Motiv: ein Schirm. — Diese Einkleidung der Aufgabe Abb. 154, die als Ansatz in I auch 2 konzentrische Kreise hat, in II aber so ganz anders aussieht, macht der Vorstellung des Schülers Schwierigkeiten für die Durchführung.

Am besten ist es, er sieht die Kreise als Gr von Zylindern an; dann sind die parallelen Schrägen in II Schrägschnitte durch beide, zwischen denen die Kegelfläche gespannt ist. Die Einteilung der Ez in II fordert zunächst die wGr der Kegelbasis (Verfahren Abb. 85 im Ar). Die ermittelte Ellipse liefert auch die einzelnen Stücke für den äußeren Mantelrand.

Neue Schwierigkeit hebt an wegen der Bestimmung der wL der Ez. Das Verfahren von Abb. 155 versagt, und Abb. 154 sieht so ganz anders aus ... Der Schüler denke sich die **gedachten Zylinder samt Kegel** um die gemeinsame Achse gedreht, dann nehmen die Zylinder alle Endpunkte der Ez mit in die Grenz-Ez beider Zylinder (hier links); und von da bis S sind nun alle wL beisammen. — Damit ist alles zur Abwicklung fertig.

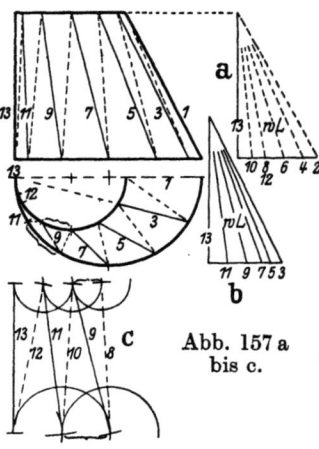

Abb. 157a bis c.

Oder: $1'' - S$ und $7'' - S$ sind wL; die 5 anderen Ez werden nach Verfahren Abb. $68 d_2$ bestimmt. Das ergibt für alle Endpunkte der Ez in I dieselben (schon vorhandenen) Kreiswege; jeder Fußpunkt kommt also einmal nach $1'$, und so müssen sie in II in einer Lotrechten liegen.

Abb. 157. Schiefer Kegelstumpf mit unzugänglicher Spitze. — Hier müssen die trapezförmigen Flächen des Stumpfes durch die kurze Diagonale (weil sie fast gerade ist) in je 2 Dreiecke zerlegt werden, aus denen der Mantel zusammengebaut wird. — Um Versehen zu meiden, ist genaue Bezifferung durchzuführen.

Es handelt sich um die wL von *2* bis *12*. Die Verfahren Abb. $68 d_2$ oder d_3 unmittelbar in den Rissen macht diese unübersichtlich. Abb. 157a und b sind aber doch eine Anwendung der Abb. $68 d_3$, wobei 13 gemeinsame Kathete für die Hypotenusen *2* bis *12* ist, während die kleinen Katheten aus I geholt werden. — Abb. 157c, der angefangene Mantel; für jedes einzeln fertig gewordene Dreieck desselben sind **sofort** die **Ziffern einzusetzen.**

Abwicklung der Kugel. — Abwicklungen zusammengesetzter Körper. 139

§ 63. Abwicklung der Kugel.

Abb. 158. Zweierlei Verfahren sind möglich, in der Regel auch nötig für den praktischen Fall. — 1. Für die Äquatorstelle ist ein Stück Zylinder angenommen, dem folgen 3 Kegelstumpfe, oben bleibt eine Haube („Kalotte") übrig. — 2. Die Oberfläche wird nach Meridianen zerlegt, die Halbkugel also in halbe Zweispitze, deren Mittellinie gleich dem Viertelkreise der Kugel ist.

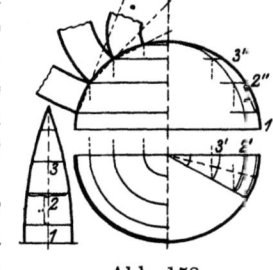

Abb. 158.

§ 64. Abwicklungen zusammengesetzter Körper.

— Bei dem schiefen Zylinder in Abb. 137 ist im Ar an die obere Ecke dieses Zylinders rechtwinklig ein Querschnittkreis zu legen als Grundlinie der Abwicklung, von der aus die Abwicklung des Schrägschnittes und der räumlichen Kurve, mittels der wL der Ez aus dem Ar, erfolgt.

Für das Loch im aufrechten Zylinder ist die Bogenlänge aus I zu strecken und für sie im Ar an die Kurve eine tangierende Wagerechte anzulegen, von der aus die Höhenlagen der einzelnen Lochpunkte zu nehmen sind.

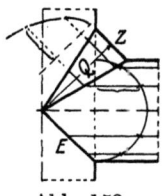

Abb. 159.

Abb. 159. T-förmiges Rohrstück mit gleichen Durchmessern. — Der Riß genügt für die Abwicklung. — Statt der einfachen Gehrung E ist oben ein Zwickel Z eingelegt, dessen Querschnitt Q zu ermitteln ist, damit er Grundlinie der Abwicklung des Zwickels wird. — Die Rohre sind abzuwickeln.

Abb. 160. Schiefwinklig anstoßender Stutzen, zweierlei Durchmesser, Achsenschnitt. — Der spitze Winkel ist durch den Zwickel C beseitigt, der den kleinen Durchmesser erhielt; so entsteht mit B einfache Gehrung. Sobald die Verschnittlinie mit den starken Zylindern fertig ist, ist alles bereit für die Abwicklung.

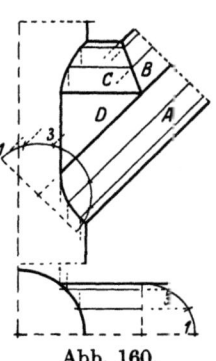

Abb. 160.

Abb. 161. Kegelstumpf mit Ausguß vom Querschnitte Q. — Hilfsschnitte parallel zu II zur Bestimmung der Verschnittlinie;

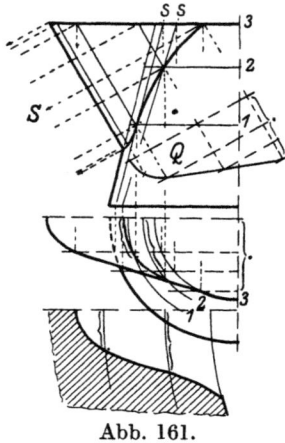

Abb. 161.

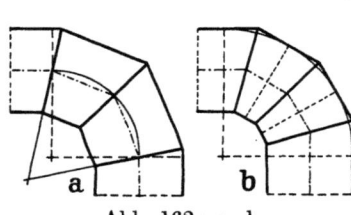

Abb. 162 a u. b.

die beiden s als Geraden annehmen. — Streckung von Q in der Richtung S; der Ausschnitt im Kegelmantel ist durch die abgerollten Kreise *1—2—3* ermittelt.

§ 65. Zylindrische Rohrknie und Krümmer. — Da nur einerlei Durchmesser vorkommt, so entstehen am Zusammenstoß nur Gehrungen, d. h. Winkelhalbierungen nach Abb. 53. Wenn alle Abwicklungskurven der Gehrungen gleich sein sollen, damit nur eine Schablone nötig wird, so ist die Form Abb. 162b zu wählen, die auch die gefälligere ist gegenüber a. — Die Außengehrungen bei rechtwinkliger Hauptachsenlage können nie einen rechten Winkel bilden! — Die Achsen bei Abb. 162b (2 Schüsse oder Einsätze) bilden ein Viertel vom regelmäßigen Zwölfeck **auf der Seite**, bei einem Schusse ein Viertel des Achtecks, bei 3 Schüssen ein Viertel des Sechzehnecks — bei rechtwinkligen Hauptachsen. — Danach kann auch der S-Krümmer gebildet werden.

2 Schrägansichten mit zwiefachem Schiefschnitte. Abb. 163. Rechtwinkliges Knie, gegeben in I und II der Lage und den Rohrweiten nach; jedes Rohr ist schief geschnitten. Die Ebene der Achsen ist geneigt zu II. — Gefordert wird die Abwicklung und der vollständige Ar.

Gang der Arbeit: Die Achsenlage in I ist bestimmend für die Einteilung der Ez in I, und da das Rohr BC wagerecht liegt, so ist in I alles bereit zur Abwicklung dieses Rohres: der Querschnitt und die wL der Ez.

Das lotrechte Rohr fordert zur Abwicklung den Hilfsriß II′ parallel zur Achsenebene, umgeklappt um die x', so daß die Gehrung als Gerade erscheint. Von ihr bis zur Schnittellipse um A reichen die wL der Ez. Die Klammern in II′ sind aus II entlehnte Höhen usw. — Die Ellipse um A ist vollständig sichtbar, auch die um C. (In II′ sind B und C umzutauschen.)

Zylindrische Rohrknie und Krümmer. 141

Für die Ellipse um B'' sind nur die Schnittpunkte der einander zugeordneten Ez zu bestimmen. — Neu ist den Schülern die Abrundung an der äußeren und die „Überschneidung" an der inneren Ecke des Knies.

Im beistehenden Mantel des unteren Rohres ist die Gehrungskurve fertig; für die andere Kurve ist das Maß ihrer Verschiebung zur fertigen Kurve durch die Punkte O und U festgelegt.

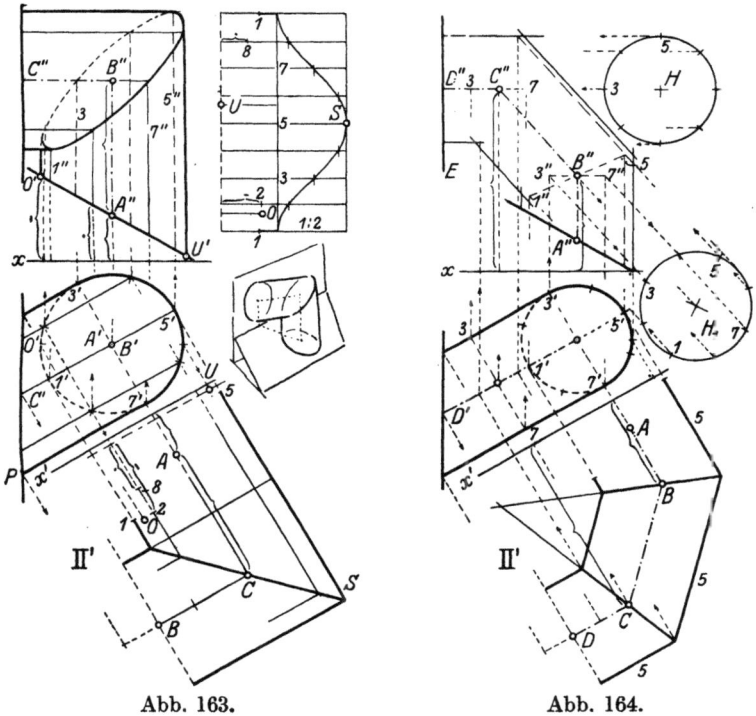

Abb. 163. Abb. 164.

Abb. 164. Krümmer, mit Schiefschnitten und geneigter Achsenebene wie in Abb. 163. — Abwicklung und Ar gesucht.

Der Ansatz: Gr wie vorhin, samt der Einteilung der Ez. Da der Krümmer einen Einsatz haben soll, so kann die Achsenlage dieses Zwischenstückes im Ar nicht eher aufgerissen werden, als bis der Hilfsriß II' die Form, samt den Gehrungen als Geraden, aufweist.

Die Schnittellipse um A in II' wird wie in Abb. 163 gefunden; die um D durch den Schnitt der von der Ellipse D' kommenden Projizierenden mit den Ez in II'. — Hier in II' ist nun alles fertig für die Abwicklung der 3 Stücke.

Der Gr ist fertig, wenn von II' aus die Gehrungsellipse C einprojiziert ist.

Die Höhen der Achsenschnittpunkte B und C von x' aus dienen zum Aufreißen der Achsen in II, von denen aus die Weiten der Zylinder anzusetzen sind. Die Ellipse um B'' kann ermittelt werden wie die in Abb. 163. Die um C' schickt ihre Projizierenden herauf nach II zum Verschnitte mit den vom Hilfsquerschnitt H kommenden Ez, um die Ellipse um C'' zu erhalten.

Die Ellipse um B'' kann auch gewonnen werden durch den Hilfskreis H_1. Aber wie liegt in ihm die Teilung? Sie wird bestimmt durch die Punkte $3''$ und $7''$, die auf einer Wagerechten durch B'' liegen müssen (weil in II' sich beide Punkte mit B decken), wie denn auch $2'' - 8''$ und $4'' - 6''$ wagerecht liegen.

Falls die Achsenlage $B'' - C''$ im voraus gegeben ist, so sind diese 2 Höhen von x aus für die Lage des Zwischenstückes in II' maßgebend. Der weitere Verlauf der Arbeit ändert sich nicht.

§ 66. Konische Knie, Krümmer u. a.

— Der Kegel dient als Übergang von einem weiteren in einen engeren Kreiszylinder. — Es sollen nur gerade Ansichten, mit den Achsen in einer Ebene, behandelt werden.

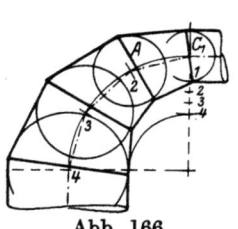

Abb. 165.

Abb. 165. Gegeben sind die Durchmesser zweier Rohre, Lage ihrer Achsen zueinander und die der Kegelstumpfachse. — Die Abb. 165 zeigt die Lösung nach Abb. 146. — Der Stumpf ist für die Abwicklung erst zum vollen Kreiskegel zu ergänzen.

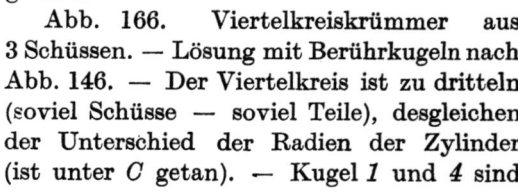

Abb. 166.

Abb. 166. Viertelkreiskrümmer aus 3 Schüssen. — Lösung mit Berührkugeln nach Abb. 146. — Der Viertelkreis ist zu dritteln (soviel Schüsse — soviel Teile), desgleichen der Unterschied der Radien der Zylinder (ist unter C getan). — Kugel *1* und *4* sind

gleich dem Durchmesser ihres Zylinders, Kugel 2 und 3 haben die Radien $C-2$ und $C-3$. — Für die Abwicklung gilt das bei Abb. 167b Gesagte.

Abb. 167a. Bei der Lösung 166 sind die Zylinder schief geschnitten, fordern also eine besondere Abwicklungskurve. Das ist hier umgangen, indem statt der 3 ganzen 2 ganze und 2 halbe Schüsse genommen sind. Daher ist der Unterschied der Zylinderradien im selben Sinne geteilt und der Viertelkreis zunächst auch. Da die Zylinderachsen bis Punkt 1 und 3 durchgehen, so ist zwischen diesen Punkten ein neuer Bogen zu legen, um 2 festzulegen. — Die Kugelradien sind $C-1$, $C-2$, $C-3$.

Abb. 167b gibt das summarische Abwicklungsverfahren für solche Krümmer: Die Achsenstücke der 4 Stumpfe werden zu einer Kegelstumpfachse gestreckt und die Zylinderdurchmesser beiderseits angesetzt. Dann werden die Stumpfe wechselnd eingeteilt, wie die Abb. zeigt, und das gewöhnliche Abwicklungsverfahren darauf angewendet.

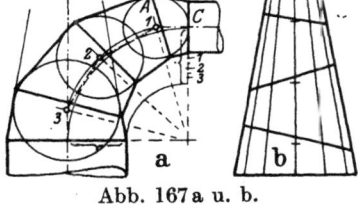

Abb. 167a u. b.

Ein Schönheitsvergleich fällt zugunsten der Abb. 166 aus, aber es sind 4 Gehrungen abzuwickeln; in Abb. 167 sind es nur 3, die Zylinderbleche sind gerade, und der anstoßende Kegel gibt einen Kreis als Abwicklung. Das ist bequemer.

Abb. 168. Knie mit 2 Schüssen. — Gegeben sind die Durchmesser der Zylinder, die Achsen nach Lage und Länge beliebig (jedoch in einer Ebene liegend). Der starke Zylinder schließt gerade ab, fordert also als Fortsetzung einen geraden Kegel. — Die kleine Kugel ist durch den einen Durchmesser bestimmt, wie groß ist die andere? Man streckt die Kegelachsen zu einer Geraden und legt mittels der kleinen Kugel die Seiten des Abwicklungsstumpfes an; nach diesen richtet sich die Größe der anderen Kugel usw.

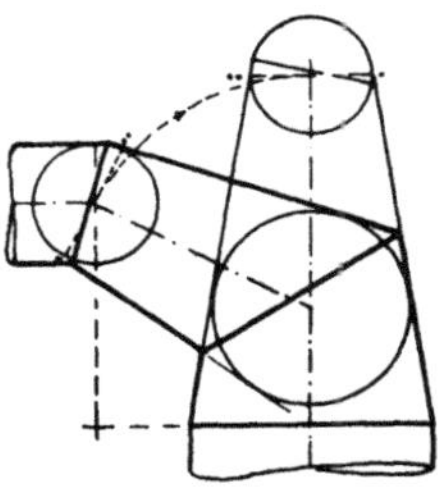

Abb. 168.

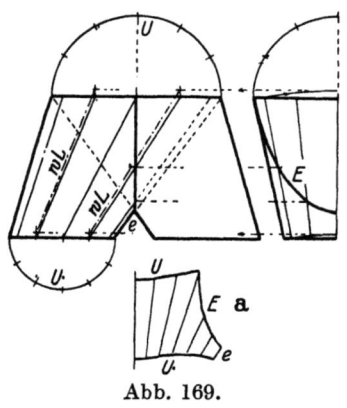

Abb. 169.

Abb. 169. Hosenrohr. — 2 schiefe Kegelstumpfe (s. Abb. 155). Sr steht hier als Schnitt; Gr und Abwicklung eines Rohres suchen. — Die einzelnen wL der Ez werden entweder mit Hilfe des Gr wie in Abb. 155 bestimmt oder so, wie in unserer Abbildung an zweien gezeigt ist. — Der Mantel eines Vollstumpfes wird gefunden wie in Abb. 155, dann ist ein Stück abzuziehen; Maße dazu gibt die elliptische Kurve E im Sr. — Abb. 169a ist der halbe Mantel eines Rohres in 1:2 [1]).

7. Von den allgemein schrägen Lagen.

§ 67. Der Lehrer wiederhole summarisch den Inhalt von § 32 und § 35 über Lagen von Geraden und Ebenen im Raume und betone, daß bis jetzt bei Körpern vorwiegend die Grundstellung (a-Lage) und die einfache Neigung (b-Lage) bearbeitet wurden, mit denen zuweilen die allgemeine Schräglage (c-Lage) verbunden war, wodurch sich in der Regel deren ziemlich leichte Bewältigung ermöglichte. — Es gibt aber noch Fälle von c-Lagen, die wichtig zur Bildung der Vorstellung sind, weil sie dieser ganz besonderen Widerstand darbieten.

In der Zeitschr. f. gew. Unterricht 1906 schrieb Direktor Prof. Wille, Köln, daß „in den Oberklassen der Bauschulen der größte Teil der Schüler bei der Entwicklung der wahren Größe des Dreiecks einer Flügelmauer (bei Durchlässen in Bahndämmen z. B.) stolpert und Fehler über Fehler macht". — Dieses Dreieck hat c-Lage und sollte hier nur die schwierige Behandlung solcher dartun. Für den Maschinenbauer sind andere Fälle vorhanden.

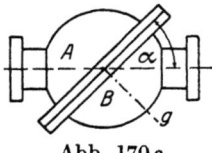

Abb. 170a.

Zur Einleitung dient als handgreifliches Beispiel das Rohrkugelgelenk, Motiv Abb. 170a. — Die beiden Teile A und B, hier als Gr gedacht, können zueinander verdreht werden. Die ⊤-Lage der Teile zueinander hat im Ar keine Not. Aber die Zwischenlagen des Rohres vom Teile B!

---

[1]) Für weiteren Stoff ist zu empfehlen: Jaschke: Blechabwicklungen, 5. Aufl. Berlin: Julius Springer 1922.

Welche Stellungen sind möglich bei der Annahme, daß in den Flanschen der Kugel 8 Löcher zum Verschrauben sind? Der Schüler sieht ein, daß hier Stellungszwang besteht, daß in I und II nicht beliebige Schräglage angenommen werden darf, denn die Lagen sind durch die Löcher und ihre Anordnung bestimmt und durch den Winkel α. — Natürlich wird man die möglichen Stellungen nur mit der Rohrachse von B durchnehmen; nach ihrer Lage in I und II hat sich für den angewandten Fall das ganze B zu richten.

Die Schüler finden, daß die Rohrachse von B einen Kegelmantel um g als Drehachse beschreibt (g ist senkrecht zur Flanschebene nach § 33 C). g hat einfache Neigung (b-Lage). — Die Übung nimmt also eine abstrakte Form an, der zunächst eine Reihe weiterer Übungen angeschlossen werden.

1. *Drehung einer Geraden $M-1$ um eine einfach geneigte Achse g*; die Gerade schneidet die Achse (Abb. 170b). — Gegeben ist die lotrechte Ebene durch ihre I. Spur E, um deren Punkt M die $M-1$ unter Einhaltung des Winkels α in 8 Lagen von gleichen Abständen zu bringen ist, von den Lagen $M'-1'$ aus. — Zu suchen ist der Ar, also die Schrägansicht.

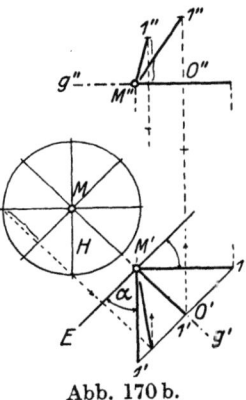

Abb. 170 b.

Der Kreisweg vom Punkte 1 wird als solcher im Hilfsrisse H auf der umgeklappten E erscheinen mit den 8 Lagen ... Die Höhen für II liefert H. Die in II noch fehlenden Lagen sind nachzuholen.

Die Aufgabe ist nur ein abstrakter Auszug aus der anschaulichen Abb. 76, die, nebenbei skizziert, dem Schüler den Zusammenhang klarmacht.

2. *Es ist ein Lot L von einem Punkte P aus auf eine einfach geneigte Gerade g zu fällen*. — Nach § 33C ist in Abb. 170b die $1'-1'$ eine Kreisebene mit unzähligen Schenkeln rechter Winkel, deren gemeinsamer Schenkel die „Hauptlinie" g' ist (§ 35 Ba). Wird der Kreis nach II projiziert, so ist jede Gerade, die von dieser Ellipse aus nach Punkt $0''$ gezogen wird, ein Lot zu der g.

Abb. 171 ist abgeleitet aus Abb. 170b: die einfach geneigte g und P sind der Lage nach gegeben. Die Senkrechte L' von P'

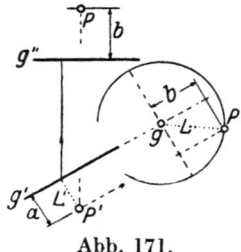
Abb. 171.

nach g' ist das Lot zufolge der vorstehenden Darlegung. — In dem beigefügten Nebenrisse, in welchem die g als Punkt steht, ist die rechtwinklige Gestrichelte zu g' als Hauptebene (a-Lage parallel zu I) anzusehen; die Lage von P wurde durch die Maße a und b bestimmt, L ist wL des Lotes, und der Kreis ist geometrischer Ort für alle P mit gleich langen Loten.

3. *Eine Gerade g hat allgemein schräge Lage; vom Punkt P ist ein Lot auf sie zu fällen.* Abb. 172. — Zur Lösung ist der Fall erst auf den vorigen zurückzuführen.

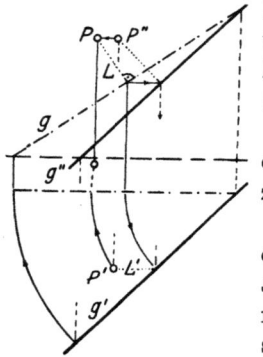
Abb. 172.

Daher steht die g in II in wahrer Neigung, und L ist das Lot (nach § 33 C). Hierauf Zurückdrehen in die alte gegebene Lage. (L' ist hier zufällig wagerecht.)

Eine andere Lösungsart ist möglich durch eine Hilfstafel parallel zu g' oder parallel zu g''.

4. *Den kleinsten und wahren Abstand oder das gemeinsame Lot zwischen 2 windschiefen Geraden zu finden.* — Durch Annahme zweier Geraden, jede allgemein schräg, ist die Aufgabe Abb. 172 gleichsam verdoppelt und so schwer geworden, daß der Schüler die Lösung Abb. 176 nicht erfaßt. Daher ist mit einfachsten und ausgewählten Fällen zu beginnen und zu steigern bis zum allgemeinsten Falle. — Der Schüler kann sich unter den Windschiefen 2 Stäbe (Hochbau) oder 2 Drähte denken.

Abb. 173a—d, auf welche die schwierigeren Fälle zwecks Lösung zurückzuführen sind.

Abb. 173a und b. Beide Geraden sind Hauptlinien (§ 35 Ba); beide nur einer Tafel parallel. — Beide sich schneidende Risse der g als Ebenen gedacht, geben den Kreuzpunkt als Lot.

Abb. 173c. Jede g parallel einer andern Tafel; eine g soll senkrecht einer Tafel sein. — Denkt man sich g' als Ebene

(oder parallel zu g' eine
Hilfstafel) und diese um-
geklappt, so liegt in ihr
der Ar Abb. 173a vor;
beide g sind dann Hauptlinien zur neuen Tafel,
und L muß senkrecht zu g'

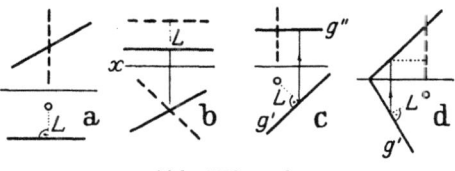

Abb. 173a—d.

sein, in II aber, nach § 33 C, in die gedachte Hauptebene g'' fallen.

Abb. 173d. Eine g senkrecht einer Tafel, die andere ist allgemein schräg. — Wird g' als Ebene gedacht, so sind beide Geraden
Hauptlinien zu dieser Ebene, und der Fall wäre in dieser, als Hilfstafel, auf a zurückgeführt. L muß dann senkrecht zu g' sein und
im Ar, nach § 33 C, senkrecht zur Lotrechten sein; also zeigt es
in I seine wL.

Für neue Übungen im Sinne von d andere Lagen der allgemein
Schrägen, auch den Punkt nach II nehmen.

Abb. 174. Eine der Windschiefen ist Hauptlinie, die andere
ist allgemein schräg; beide stehen in einem Risse als Parallelen. —
Ein Hilfsaufriß parallel
zu den Parallelen macht
beide Geraden zu Haupt-
linien dieser Tafel und
läßt den Fall Abb. 173b
entstehen . . .

Abb. 175. w ist Haupt-
linie, g ist allgemein
schräg; sie stehen in
keinem Risse als Par-
allelen. — Durch die

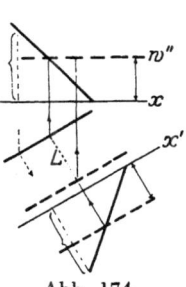

Abb. 174.

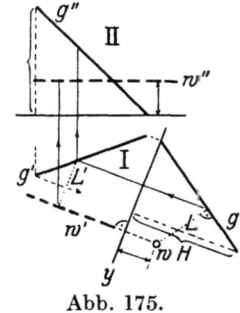

Abb. 175.

Hauptlinie w ist der Fall auf Abb. 173d zu bringen, indem senkrecht zur w' (wie in Abb. 170b und 171, nach § 33 C) ein Hilfsriß H in y errichtet wird; in ihm erscheint die w als Punkt.
Die Risse I und H sind jetzt die von 173d. Denkt man sich g
als Ebene, wie dort die g', so sind für sie die Geraden g und w
Hauptlinien geworden, und L ist daher die Senkrechte von w
auf g. Da L seine wL zeigt, so muß L' parallel zu y sein oder
nach § 33 C senkrecht zu w' . . .

Weitere Übungsbeispiele nach Bedarf, jedoch noch mit einer
Hauptlinie in b-Lage. — Die Schüler sind jetzt durch Beispiele

im Sinne von Abb. 175 soweit, um den Fall mit 2 allgemein Schrägen genügend zu verstehen. Einen solchen zeigt
Abb. 176. Die gegebenen Risse sind I und II, und hier soll das gemeinsame Lot für beide Windschiefen angegeben werden.

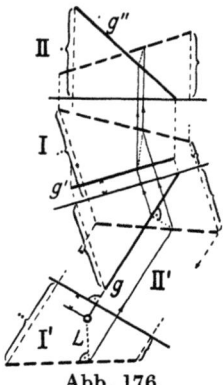
Abb. 176.

— Der Fall muß bis auf Abb. 173d zurückverwandelt werden, so daß beide Geraden zu Hauptlinien gemacht werden können, wie solches in Abb. 173c geschah. — Zunächst ist die g zur Hauptlinie gemacht durch den Hilfsriß II' parallel zu g'. Der ergibt die g in wN. Der Hilfsriß I' senkrecht zur g schafft diese als Punkt. Damit ist Abb. 173d erreicht. Denkt man sich noch die Gestrichelte in I' als Ebene, so sind beide Geraden für sie Hauptlinien im Sinne der Abb. 173c; L ist das Lot in wL. Rückwärts in II' muß es also senkrecht zur g liegen usw. zurück bis II.

Da dem Schüler bei dieser Entwicklung die räumliche Vorstellung fast versagt bei I', so sollen sie bedenken, daß II' ein Aufriß von hinten her gesehen ist; auf beide Ar legt sich dann I' gleichsam als Decke, als ein Gr von unten gesehen.

§ 68. Es ist ein Lot L zu fällen: Erstens von einem Punkte P aus auf eine allgemein schräge Ebene; zweitens in einem Punkte P derselben zu errichten; der Neigungswinkel ist zu bestimmen und, bei begrenzter Ebene, auch die wGr. — Wie in § 67 ist auch hier mit dem Leichtesten zu beginnen mit einer Reihe, die im allgemeinen Falle endet.

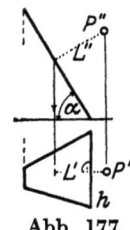
Abb. 177.

Neu ist jetzt die Verwendung von „Höhenebenen" (Hauptebenen parallel zu I) und „Tiefenebenen" (Hauptebenen parallel zu II).

Zu 1.

Abb. 177. Die ebene Figur E ist einfach geneigt zu I; P ist der Punkt außerhalb.

Dieser Fall ist grundlegend bis Abb. 180. Daher ist dem Schüler darzulegen: h ist Spur der E in I oder mit einer Höhenebene. Reicht die E nicht bis zur h, so ist eine Höhenebene einzulegen oder E in II bis x zu verlängern, um h zu schaffen, da diese Gerade sehr wichtig ist.

Die wGr ist nach Abb. 68d$_1$ zu ermitteln; ansonst ist
zur Lösung zu erläutern: Da die E senkrecht zu II ist
(s. Abb. 69b nebst Text), so ist auch eine Ebene durch P und
parallel zu II zur E rechtwinklig, und das Lot L'' muß in ihr
liegen und seine wL zeigen. Die Spur dieser P-Ebene in I oder
in der Höhenebene ist parallel zu x, d. h. senkrecht zu h;
in ihr liegt L'; dieses also ist senkrecht zu h, was zu
beachten ist.

Abb. 178. Ein Dreieck, allgemein schräg, aber h ist Höhenlinie, und t ist Tiefenlinie (siehe oben).

Wegen der Lösung führen wir den Fall auf Abb. 177
zurück durch einen Hilfsriß: Wir legen zu h' eine Senkrechte x'
als I oder als Höhenebene, nehmen aus II
die angeklammerten Maße und erhalten P,
dazu das Dreieck als Gerade mit
dem Neigungswinkel α. L ist das
wirkliche Lot in wL. Denken wir
durch F eine Höhenebene parallel zu x',
so gibt sie in I eine Parallele zu h', auf
der F' liegt als Fuß von L', das nach
Abb. 177 senkrecht zu h' sein muß.
F'' findet sich auf der zugeordneten
Höhenlinie in II; so kann auch L'' gezogen werden.

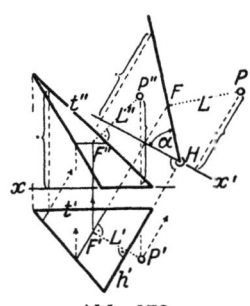

Abb. 178.

Die wGr des Dreiecks wird erhalten durch Drehung um H
bis zur x'; die Spitze in I wandert senkrecht zu h'.

Die Projektion L'' des Lotes ist stets senkrecht zur
Projektion t'' der Geraden t (also nicht das wirkliche Lot
ist senkrecht zur wirklichen t im Raume!). — Warum? Es genügt
nicht, dem Schüler zu sagen, L'' stehe in der gleichen Beziehung
zu t'' wie L' zu h'; damit erwirbt er keine Einsicht. — Wir gehen
dazu an Abb. 177: Die Gerade in II kann gedacht werden als
t-Linie einer Tiefenebene, die durch P' parallel zu II gelegt
ist, also in der Richtung L' verläuft; L'' ist in wL wirkliches Lot zu ihr. Legen wir in Abb. 178 durch P' eine Tiefenebene, so ergibt sie in I im Dreieck eine Parallele zu t' und
in II eine Parallele zu t''. Dann würde L'' wirkliches Lot zu
dieser Parallelen in II sein — folglich ist es auch senkrecht zur
Projektion t''.

150   Ausführungen.

Abb. 179. Ein allgemein schräges Dreieck, dessen Seite t Tiefenlinie ist, und Punkt P ist gegeben. — Um den Hilfsriß mit dem Neigungswinkel zu erhalten, ist in h'' eine Höhenebene gedacht,

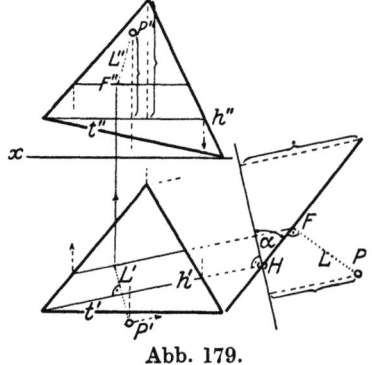
Abb. 179.

und zu ihrer Spur h' wurde die Höhenebene H als Senkrechte gezogen, auf der nun, ganz wie in Abb. 178, das Dreieck als Gerade entsteht, samt dem Winkel α mit I und der wL des Lotes L. L' muß, auch wie in Abb. 178, senkrecht zu h' sein usw. In II stellt sich heraus, wiederum wie in Abb. 178, daß L'' senkrecht zu t'' wird.

Regel. Die Projektionen eines Lotes zu einer Ebene sind einzeln senkrecht zu der geneigten Spur der Höhen- und der Tiefenebene in jener Ebene.

Die Bestimmung der Risse des Lotes ohne Hilfsriß, wenn Neigung und wGr der Figur nicht gefordert ist, ist möglich durch obige Regel. — Man bestimmt z. B. in Abb. 179 die Spuren je einer Höhen- und einer Tiefenebene und zieht L' und L'' zunächst ihrer Lage nach von P' und P'' aus. Einen Fußpunkt erhält man, wenn z. B. L' als Ebene gedacht wird. Wo deren Spur im Dreieck II die L'' schneidet, da ist der F'' als erster Fußpunkt gefunden.

Wird die Neigung mit II gesucht, so ist der Hilfsriß in II senkrecht zur Tiefenlinie zu entwickeln.

Zu 2.

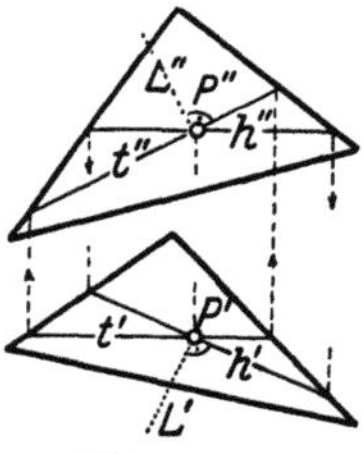

Abb. 180a. Die obige Regel gestattet eine sehr kurze Lösung. — Gegeben ist ein allgemein schräges Dreieck in beiden Rissen. Nur im

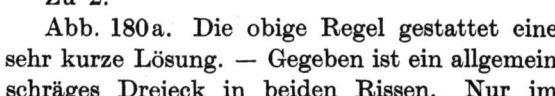
Abb. 180a.

einen darf der Punkt P beliebig angenommen werden; den anderen in die Ebene des Dreiecks zu bekommen, legt man z. B. durch P' eine Tiefenebene t', auf deren Spur t'' muß P'' liegen, und senkrecht zu ihr steht L''. Nun noch h'' durch P'', und senkrecht zu h' steht L'.

Abb. 180b. Eine Ebene in c-Lage (Abb. 69c_3) ist nur durch ihre 2 Spuren gegeben, nebst dem Punkte P (die x-Achse muß

Bestimmen der wL und der Neigungen einer Geraden g in c-Lage. 151

mit angegeben sein). — Jene Regel gestaltet sich in der Ausführung hier: S' gilt als Höhenlinie, S'' als Tiefenlinie. Zu jeder ist von P aus das gleichnamige Lot senkrecht zu legen. Wird dann z. B. L' als Ebene aufgefaßt, so ist $1''\,2''$ die Spur in II, und der Schnitt dieser mit Lot L'' (das ja in derselben Ebene liegt) ist des Lotes Fußpunkt.

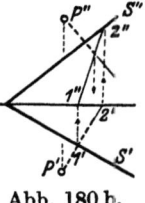

Abb. 180 b.

Die Ebene $P'-2'$ enthält den Neigungswinkel mit I im Hilfsrisse, der senkrecht zu S', wie in Abb. 179, zu finden ist.

§ 69. Bestimmen der wL und der Neigungen einer Geraden g in c-Lage durch Umklappen. — In einer perspektivischen Skizze läßt sich das Verfahren besser veranschaulichen wie am Modelle, weil das Bild den Vorgang sichtbar beibehält.

Abb. 181. Durch den der x am nächsten liegenden Endpunkt der g ist eine Höhen- und eine Tiefenebene gelegt, weil mit ihnen die Neigungswinkel am einfachsten (ohne Verlängerung der g) zu haben sind. — Die Skizze a zeigt die g als Schnittlinie zweier projizierenden Ebe-

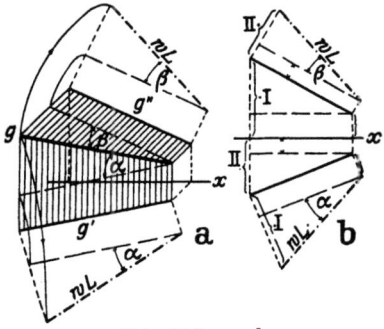

Abb. 181 a u. b.

nen, darin die Spuren der Höhen- und Tiefenebene die Neigungswinkel mit der g schon anzeigen. Jede der projizierenden Ebenen wird um ihre Spur g' und g'' in die Tafel geklappt, und in I ist wL und Neigungswinkel mit der I zu sehen, in II wL und Neigungswinkel mit der II. (Im Verfahren Abb. 68 d_2 und d_4 zeigt sich der Neigungswinkel mit der einen Tafel stets in der anderen!) Abb. 181 b ist die Ausführung in Rissen.

§ 70. Abwicklungen nach schwierig zu entwickelnden Rissen. — Das Aufsuchen der wL ist die eigentliche Aufgabe.

Abb. 182. Gegeben ist in I und II ein Prisma in c-Lage; es ist alles zur Abwicklung fertigzumachen. — Man könnte alle Kanten nach Verfahren Abb. 68 d_2 und d_4 in wL umsetzen; da Grund- und Deckfläche in II als Geraden stehen, so können sie nach Abb. 68 d_1 als Ganzes in wGr bestimmt werden. Die Trapeze

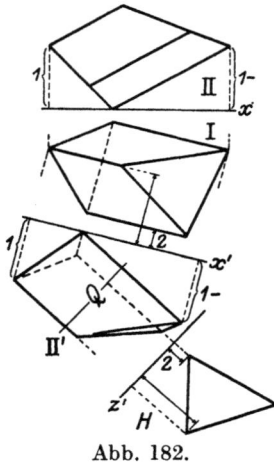

Abb. 182.

machen dann noch die Ausmittlung der wL je einer Diagonale nötig. — Wenn ein Schüler diesen Weg vorschlägt, so ist er nicht falsch; doch gibt es einen weniger umständlichen und die Zeichnung klarer lassenden.

Man benutzt einen Hilfsriß, hier II', in dem die Längskanten in wL erhalten werden; zu ihm tritt ein Hilfsriß H mit den Längskanten als Punkten, d. h. mit dem Querschnitte Q. Auf seiner Streckung sind die Kanten senkrecht zu verteilen; beiderseits erhalten sie ihre Längen nach den Abschnitten beiderseits Q in II'. Die Verbindung ihrer Endpunkte ergibt dann von selbst die Seiten der noch anzusetzenden Dreiecke.

Abb. 183. Doppelknie eines Rohres, dessen Achsen nicht in einer Ebene liegen. — Gegeben ist I und II in den Achsenlagen und Rohrweiten, die äußeren Rohre sind senkrecht je einer Tafel. — Zu fertigen sind die 3 Risse und die wL zur Abwicklung.

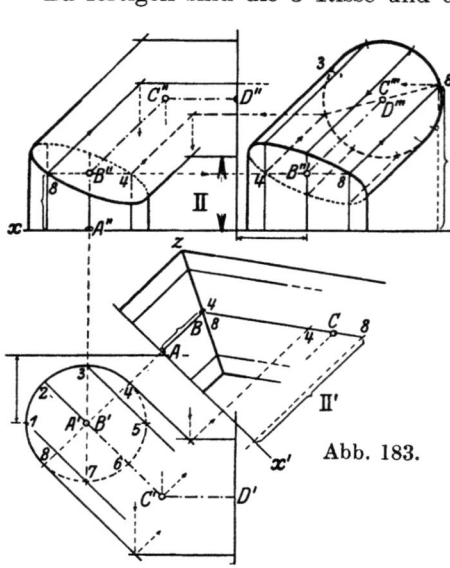

Abb. 183.

Gang der Arbeit.
1. Anlage von III nach Achsenlage und Rohrweiten. — Anlegen von II' (parallel zu $B'C'$), um die Gehrung B zu erhalten, wie in Abb. 164.

2. Einordnen der Ez in I und II'; Rohr AB in II' ist damit fertig zum Abwickeln. — Herrichten der Ellipse um B'' mittels der Höhen aus II'. Von B'' gehen die Ez, z. B. 4 und 8, parallel zu $B''C''$ hinauf, aber wie weit, wo treffen sie sich um C'' mit den zugeordneten Ez des oberen Rohres?

Allgemeine Schräglage des Kreises. 153

3. Herrichten des unteren Rohres in III mit der Ellipse um B''' (mit Hilfe von I und II). Die Ez *4* und *8*, parall zu $B'''C'''$, führen zur richtigen Einteilung des Kreises, der nun die Ez für das obere Rohr in II liefert, die im Verschnitt mit den anderen die Ellipse um C'' ermöglichen. — Damit ist das Rohrstück $C''D''$ fertig für die Abwicklung.

4. Die Ellipse um C in II' wird am besten mit den Höhenmaßen aus III entwickelt, indem sie parallel zu x' bewegt werden; z. B. *4* und *8*. Diese Ellipse ist zum Teil verdeckt (von I her gesehen!). — Mit Rohr BC sind alle 3 Stücke zum Abwickeln bereitgemacht.

Die Ellipse um C' stellt auch zuletzt den Gr fertig.

§ 71. Als Schluß dieses Kapitel 7 diene das, was die „Einleitung" bildete.

Abb. 184 zeigt die Ausführung einer allgemeinen Schräglage vom Teile B Abb. 170a. Es sind hier nur die unbedingt nötigen geometrischen Stücke benutzt worden: eine Viertelkugel und ein gerader Zylinder. — Es handelt sich vor allem darum, die in I und II allgemein schief liegenden Risse des Verschnittkreises zwischen Kugel und Zylinder zu bestimmen.

Zur Lösung ist die allgemein schief gegebene Lage des Zylinders erst in die einfach geneigte zurückzuführen. Für das Drehverfahren dabei sind zweierlei Lösungen möglich, eine dritte gibt das Umklappverfahren.

Ansatz. Die Kugel; die Achsenlagen $M'A'$ und $M''A''$, die aus Abb. 170b winkelgenau übertragen worden sind.

Bei Lösung 1 ist das Drehverfahren von Abb. 74a und b in nur eine Zeichnung zusammengedrängt (doch hat b hier andere Lage). — Wir drehen die Kugel samt der Zylinderachse um eine durch M gehende lotrechte Achse, bis die Zylinderachse die Lage $M''A$ einnimmt, d. i. parallel zu II. Die Zylinderweite zu $M''A$ (mit dem umgeklappten halben Querschnitte und den darauf eingeteilten Ez *1* bis *5*) ergibt den Verschnittkreis als Gerade *1—B—5*. Würde dieser Zylinder wirklich hergesetzt und sein Gr auch, so entstünde Abb. 74a. Brächte man dann den Gr in die gegebene Achsenlage zurück, so gelangte man, wie in Abb. 74b, zum gewünschten Ar. Den Sinn dieses Vorgangs halten wir ein, verzichten aber auf die beiden ersten Risse. Es genügt, die Punkte *1—2—B—4—5* herab auf die $M'B$ zu loten und nur sie in die Achse $M'A'$ zu schwenken. Punkt $1'$ und $5'$, dazu die Rechtwinkligen durch $2'$, B' und $4'$ und die von dem um A' gelegten Hilfskreise herkommenden Ez ergeben die Ellipse um B', der eine gleiche um A' entspricht. — Den Kreiswegen der Punkte zwischen $M'B$ und $M'B'$ entsprechen in II Wagerechte, die $3'\,7'$ und ihre parallelen Sehnen sind Wagerechte in II, deren Längen durch die Lote von den Ellipsenpunkten aus I begrenzt werden. So entsteht die Ellipse um B'', der eine parallele um A'' zugehört. (Die Großachsen dieser Ellipsen sind, wie immer, senkrecht zur Drehachse des Körpers.)

Für die Lösung 2 nach dem Drehverfahren sind nur Punkt $3'$ und $7'$ hinaufzuloten in die durch B gehende Wagerechte. Der Hilfsquerschnitt H erhält dann die richtig gelagerte Einteilung der Ez durch die Pukte $3''$ und $7''$. Die Schnittpunkte dieser Ez mit den durch 1, 2, 4 und 5 gehenden Wagerechten sind dann die übrigen Ellipsenpunkte. — Die Ellipse um B' kann dann als Korbbogen konstruiert werden.

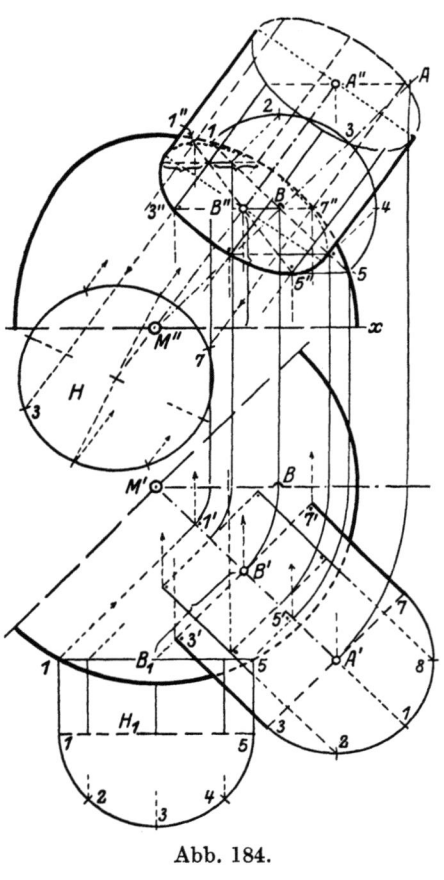

Abb. 184.

Die Lösung 3 nach dem Umklappverfahren wird gewählt, wenn $M'A'$ wenig von der wagerechten Lage abweicht und dadurch in II das Ineinander von einfacher und allgemeiner Neigung ganz unklar wird. — $M'A'$ wird als Schnitt gedacht, der umgeklappt im Hilfsrisse H_1 die wN der Zylinderachse mit I ergibt.

Jetzt wird von H_1 aus und mittels des Hilfsquerschnittes um A' der Gr des Zylinders gewonnen. Die Höhenlagen der Sehnen $3'$ $7'$ usw. für II werden, wie die Klammer $B'B_1$ in I andeutet, unten geholt und oben von der x ab aufgesetzt; die Längen dieser Wagerechten in II sind zu bestimmen durch die Lote, die von den B'-Ellipsenpunkten hinaufführen. — Damit ist die B''-Ellipse festgelegt usw.

Die Ausführung ist so groß zu wählen, daß sie einen halben Bogen füllt; man kann dann auch alle 3 Verfahren hineinarbeiten lassen — die Schüler sind jetzt reif genug dazu. (Zeit rund eine Doppelstunde für vollständige Ausführung in Blei.)

Nimmt man einen wirklichen Maschinenteil als Motiv, mit dem Kugel- und dem Rohrflansche und dem Hohlzylinder, so handelt es sich noch um die Zugabe von Ellipsen, welche den ermittelten ähnlich sind.

8. Schraubenrad und Propeller.
(Schluß vom 4. Kapitel.)

§ 72. „Schneckengetriebe" werden verwendet bei sich kreuzenden Wellen, wenn ein schneller Umlauf (der treibenden Schnecke) in einen viel langsameren (des getriebenen Rades) erfolgen soll. Die Zähne mancher dieser Räder sind nichts anderes als ein Stück Muttergewinde, aber mit kreisförmiger Achse des Zylinders als Schraubenträger. Darin ist für uns das zeichnerische Problem gegeben, welches wichtiges Vorspiel ist — mehr wollen wir nicht — zur technisch richtigen Gestaltung solchen Rades im Fachzeichnen. Die Grundform, von der auszugehen ist, ist die Schraubenlinie auf der Ringfläche oder dem Wulste; die innere Hälfte bietet dann die Schraubenlinie auf der Einziehung.

Abb. 185a. Schraubenlinien auf dem Kreiswulste. — Ansatz: Aufreißen der (kreisförmigen) Ez, 12 für den Querschnitt des Zylinders, also gehören 12 Schichten (radial gelagert) zu einer Ganghöhe, hier gleich 90° in II.

Es sind 4 Schraubenlinien in das Netz des Ar eingetragen. — Der Schüler bearbeite 2 Ganghöhen, also einen halben Ring, so daß er im Gr sieht, wie sich die Kurven von der lotrechten Mittellinie ab wenden nach dem Gesetze der Punktsymmetrie (Drehung wie der Uhrzeiger). — Das Herabprojizieren fordert viel Aufmerksamkeit.

Abb. 185b. Schraubenlinien in der ringförmigen Einziehung. — Von der Einziehung sind nur 150° des Querschnittes in I verwendet. Der Ar ist als Mittelschnitt zu geben, damit die Schraubenlinien voll sichtbar sind in demselben Netze wie in Abb. 185a; doch sind sie bis zur Einziehung von 180° ergänzt, damit die Punkte 2 richtiger liegen.

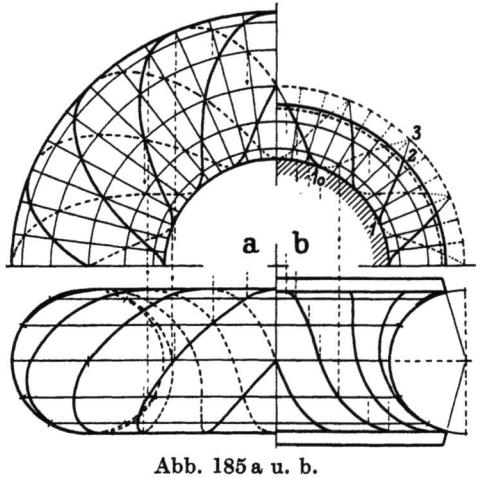

Abb. 185 a u. b.

Der Schüler zeichnet auch hier den halben Ring oder 2 Ganghöhen, damit er im Gr die eigentümliche Umkehrung der Kurven, von der lotrechten Mittellinie ab, sieht.

Abb. 186. Motiv: das Schrauben- oder Wurmrad. — Der Ar ist wie in Abb. 185b als Mittelschnitt gedacht. Der Einfachheit halber sind trapezförmige Zähne angenommen. — In den Gr des Mutterkörpers von 150° ist ein Teil des Schneckenkörpers eingetragen. Man achte für den Ansatz, daß R größer als r bleibt (hier etwa 3:2) und daß nur wenig Zähne für den ganzen Umfang gedacht werden, damit die Darstellung möglichst klar bleibt. Hier sind 3 auf ein Viertel des Umfanges angesetzt oder $12\,t$ („Teilung") = Umfang. Die Zahnhöhe (die schraffierte) bleibe unter $\dfrac{r}{2}$. — Die inneren und die äußeren Ez des Querschnittes Q sind in I und II mit zweierlei Strichart anzugeben, um Verwechselungen zu meiden.

Wie in der Schlüsselfigur Abb. 185b ist auch hier II zuerst zu entwickeln. Zunächst ein Zahn, alle anderen sind ihm gleich. — Am Zahne unterscheidet man „Kopf", „Fuß" und „Flanken". Wie sind die Schichten einzurichten, damit zunächst die Schraubenlinien einer Flanke konstruiert werden können?

Die Steigung der Schraubenlinien ist verschieden nach der Umdrehungsgeschwindigkeit des Rades: wenn dieses, wie meistens,

Schraubenrad.

bei einer Umdrehung der Schnecke um einen Zahn oder um ein t vorrückt, so sind für t so viele Schichten anzunehmen, wie der volle Kreisquerschnitt Q Teile hat; rückt das Rad $2\,t$ vor bei einer Umdrehung der Schnecke, so erhalten die $2\,t$ zusammen so viele Teile wie Q. Hier ist t achtteilig angesetzt, also ist das Vorrücken $= 1^1/_2\,t$, da unser Vollkreis Q zwölfteilig ist. Von diesen 12 Schichten werden hier nur 3 nötig, da in unserem Ar von dem ganzen Umfange oder Q des Mutterkörpers nur ein Viertel sichtbar bleibt (z. B. vom Kurvenpunkte *1* bis *3* ist nur ein Viertel des vollen Umganges). Diese 3 Schichten müssen natürlich auf die Schraubenlinien eingestellt werden; einmal vom Punkte *1* aus die Strecke a und dann von 1_0 aus die gleiche Strecke b bildend (a-Teilung ist voll, b-Teilung ist gestrichelt). Die Schnitte mit den Ez geben Kurvenpunkte.

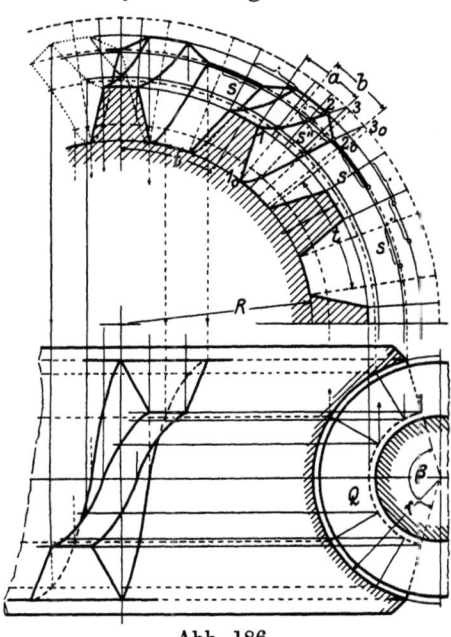

Abb. 186.

Da alle übrigen Schraubenlinien nur Wiederholungen von gleicher Form sind (s. Abb. 185a und b die Ar), so genügt durch jeden Kopf- und Fußpunkt des Mittelschnittes eine Teillinie, um von ihr aus z. B. alle Fußpunkte 2_0 mittels der Sehne s'' als Grundmaß festzulegen. Für die 2 anderen Punkte der Fußkurve sind nur 2 neue s nötig, um alle auf schnellste und genaue Art einzutragen. — Die anderen Klammern zeigen dasselbe für einen Kopfpunkt.

. Um Zähne in I zu erhalten, ist in II ihre fehlende Hälfte noch anzugeben; hier ist die des mittleren Zahnes einpunktiert. — Da die Arbeit viel Zeit kostet, so genügt wie hier ein Viertel des Rades und in I etwa noch ein 2. Zahn.

§ 73. Propeller oder Schiffsschraube.

Abb. 187 zeigt das Nötigste einer vierflügeligen Schraube, die mit den Mitteln entwickelt ist, welche der Schüler kennt. — Der Ar zeigt den Propeller von hinten gesehen, d. h. gegen die sog. Druckfläche der Flügel. Jede gehört einer besonderen Schraubenfläche an, die aber unter sich gleich sind und miteinander parallel laufen (fortgesetzt gedacht um einen Zylinder herum). Die Schraube ist also viergängig.

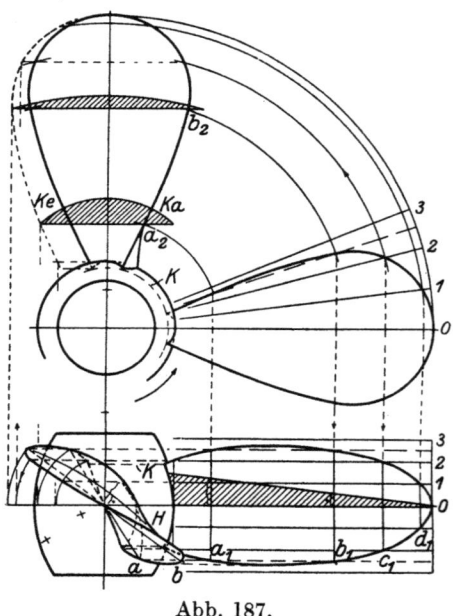

Abb. 187.

Die Risse werden begonnen entweder mit der abgewickelten Druckfläche (sie kann nur annähernd genau gezeichnet werden) oder mit dem Ansichtsrisse der Flügel, wie in II unseres wagerechten Flügels, weil letzteres leichter für den Schüler ist. Jeder Flügel ist in II angenommener Ausschnitt aus einer Schraubenfläche; hier einer flachgängigen wie in Abb. 47. *0, 1, 2, 3* sind also in I und II die Lagen der Ez, auf denen in I die Ermittlung des Randes des rechten Flügels erfolgte, zunächst als wäre die Nabe ein Zylinder von größtem Kreise. Die Punkte a_1 bis d_1 werden nun im oberen Flügel von II aufgesucht und herab nach I in ihre entsprechenden Schichtlinien gelotet. So entsteht hier vorerst die S-förmige Randlinie dieses Flügels, aber noch nicht der Verschnitt der Schraubenfläche mit der Faßfläche der Nabe; der Rand machte ja an einer gedachten Zylinderfläche halt. Der Rand wird in II schätzungsweise verlängert und in I und II der Schichtkreis K gelegt (für dessen annähernd richtige Stelle die Ez 2 den Halt gibt), auf dem die Durchstoßpunkte des Randes liegen ...

Der S-förmige Rand im Gr und jene Verschnitte an der Nabe kennzeichnen die Schraube als „Linksschraube", bei der K_e die „eintretende" (vorausgehende) und K_a die „austretende" (nachkommende) Kante ist.

Bis jetzt war der Flügel nur ein Blech. Er soll aber von der Nabe nach der Spitze zu an Stärke abnehmen, desgleichen von der Mittellinie aus nach den Seiten hin. Dann tritt besonders im Gr des oberen Flügels eine Änderung ein. — Hierzu: 1. Der Längsschnitt des Flügels in I wird umgeklappt (das schraffierte Dreieck); 2. die Lotrechten in a_1 bis d_1 in I sind Sehnen im Flügel, die durch die 0 gehen. Nur die a und b sind von a_2 und b_2 aus in den Gr eingelegt und erscheinen hier in wL. Hier sind sie Grundlinie des hinteren Teiles der wahren Flügelquerschnitte, die als Kreisbögen eingelegt werden; die Klammern deuten darauf hin. Die Reihe dieser Bögen ergibt bei H den scheinbaren Umriß, der einen kleinen Zusatz am Fuße des Flügels in II nötig macht; am rechten Flügel blieb er weg, um diesen klar als Ausschnitt aus der Schraubenfläche stehen zu haben.

Trägt man die wL der Sehnen, z. B. der a und b, nach II (Verfahren Abb. 68 d_2), so erhält man dort die Querschnittbreiten, und durch sie ist die Ermittlung der wGr der Druckfläche genügend genau möglich. — Die Nabe kann auch kugelig sein.

Welcher Schüler sich, nachdem er auch genügend mit der Trigonometrie und der analytischen Geometrie vertraut geworden ist, mit der eigentlichen darstellenden Geometrie befassen will, dem seien zum Studium genannt:

1. *Darstellende Geometrie* von G. Monge, das grundlegende Werk, übersetzt von Haußner; Nr. 117 von Ostwalds Klassikern der exakten Wissenschaft. Leipzig: B. G. Teubner 1900.

2. *Elemente der darstellenden Geometrie* von M. Großmann (84 S.). Leipzig: B. G. Teubner 1917.

3. *Darstellende Geometrie* von G. Scheffers, mit vielen Anwendungsbeispielen aus allen möglichen Gebieten. Berlin: Julius Springer 1920 und 1922.

MIX
Papier aus verantwortungsvollen Quellen
Paper from responsible sources
FSC® C105338

If you have any concerns about our products,
you can contact us on
ProductSafety@springernature.com

In case Publisher is established outside the EU,
the EU authorized representative is:
**Springer Nature Customer Service Center GmbH
Europaplatz 3, 69115 Heidelberg, Germany**

Printed by Libri Plureos GmbH
in Hamburg, Germany